AF596908

PETIT TRAITÉ D'AGRICULTURE PRATIQUE,

A L'USAGE DES ENFANTS ET DES GRANDES PERSONNES,

par

F. ROCHE,

Sous-Préfet à Mamers (SARTHE),

Membre de la Société d'Agriculture de Rochefort, correspondant de l'Académie de Médecine de Poitiers, et de plusieurs Sociétés des Sciences Naturelles et Mathématiques.

MAMERS,

IMPRIMERIE DE JULES FLEURY.

1849.

PETIT TRAITÉ D'AGRICULTURE PRATIQUE,

A l'usage

DES ENFANTS ET DES GRANDES PERSONNES.

INTRODUCTION.

Plusieurs moyens ont été essayés pour améliorer l'agriculture en France, ces moyens sont : les sociétés, les livres et journaux, les fermes-modèles, les comices (*), et nous verrons bientôt les fermes-écoles.

Les sociétes d'agriculture, instituées il y a environ cinquante années, n'ont produit que peu de bons résultats.

Ce n'est pas que je veuille accuser les hommes honorables et remplis de bonne volonté qui les composent;

(*) Je ne critiquerai point les comices, c'est une bonne institution qu'il faut respecter, mais dont la direction actuelle est mauvaise.

non, mais que peuvent faire 25 à 30 personnes assemblées, dans une salle deux fois par mois, pour améliorer la culture ?

Leur est-il possible de dire à chacun des cent mille agriculteurs qui composent un département, ce qu'il doit faire ?

Les sociétés ne peuvent que se réunir, s'occuper des perfectionnements nouveaux, appliqués à 100 lieues d'elles, sur un sol différent, sous un autre climat. Elles peuvent encore distribuer des primes ; et à qui, pour la plupart? aux riches propriétaires ou fermiers, à ceux qui font de l'agriculture ruineuse, avec laquelle ils voient souvent le bout de leur fortune, mais qui ne font presque jamais de cette bonne et fructueuse culture à la portée de tout le monde.

Les sociétés publient aussi quelques livres, des journaux, que les cultivateurs ne lisent pas ou ne peuvent comprendre.

Les améliorations durables ne consistent point dans la découverte ou l'importation d'une plante nouvelle, pas plus que dans les exemples donnés par ceux qui font de l'agriculture de fantaisie, et pour satisfaire leur amour-propre.

Ce qu'il faut, c'est un système d'économie rurale à la portée de tous les cultivateurs, aussi varié que l'est le sol de la France, et une éducation capable de faire juger les bienfaits d'une bonne culture.

Les fermes-modèles sont des imitations de l'Angleterre, de l'Allemagne ; nous en possédons plusieurs qui dépensent de très-fortes sommes; qu'ont-elles pu produire? des instruments fort remarquables, bien construits et à bon marché. C'est à peu près tout; elles n'agissent que sur un étroit rayon, elles enseignent une agriculture perfectionnée, mais en France, nous n'avons ni assez d'argent, ni assez de grandes propriétés pour que ce mode d'éducation soit utile; c'est bon chez nos voisins d'outre-Manche ou de par de là le Rhin, chez eux, la terre est la propriété de quelques uns, mais chez nous, avec l'extrême division du sol, il faut parler à tous et pour tout le monde.

Je suis loin de prétendre que les fermes-modèles ne rendent pas quelques services, elles sont utiles pour l'étude de la véritable science agricole; les efforts des hommes de talent qui les dirigent ne feront pas qu'elles soient bonnes à autre chose.

L'Assemblée nationale a décrété l'établissement d'une ferme-école par arrondissement. c'est bien, mais quand sera réalisée cette généreuse pensée? lorsque plusieurs générations se seront succédé. En attendant, on en établit une par département, c'est tout ce que pouvait permettre l'état de nos finances.

Voilà certainement un progrès, un progrès réel, les améliorations ne suivront pas immédiatement cependant. car ces fermes-écoles ne permettront d'étudier que sur une bien petite partie du sol, et non sur toutes ses variétés.

Leur véritable valeur sera de former des agriculteurs habiles, ils seront capables de discerner le bon du mauvais, ils viendront en aide à leurs concitoyens dans le classement des terres, ils combattront avec succès les vieilles routines.

Voilà donc une heureuse innovation qui portera ses fruits, surtout en familiarisant les laboureurs avec les bonnes améliorations.

Il existe encore un autre agent de l'instruction agricole dont les habitants des campagnes n'ont pu, jusqu'à ce jour, tirer aucun profit : ce sont les journaux et les livres. il y en a peu à la portée du laboureur, qui ne possède aucune connaissance des premiers éléments de l'agriculture; et où les aurait-il pu puiser, ces premiers éléments de la science ? dans quels livres ?

On en a fait plusieurs, presque tous sont trop chers, trop complets, trop abstraits, le campagnard n'aime pas à lire beaucoup, il lui faut des livres à part, dans le genre des almanachs publiés par le célèbre agriculteur et homme de bien Jacques Bujault; enfin, ce sont des livres d'application, simples, clairs et surtout sans controverses.

Il faudrait un livre semblable par département, dans lequel on traiterait de l'agriculture locale, c'est une science qui, pour être vraie, doit être toute de localité.

En attendant que ce besoin soit satisfait, et il faut appeler toute l'attention du Gouvernement sur cette nécessité, je publie un petit traité d'agriculture pratique. destiné à tout le monde; il y a, je crois, du bon pour chacun, mais il est surtout fait en vue d'initier l'enfant du laboureur à l'art auquel il devra, lorsqu'il sera grand, sa fortune et son bonheur, si on lui en indique les secrets.

Il faudrait, jusqu'à ce qu'il en vienne de meilleurs,

mettre mon petit livre entre les mains de tous les enfants qui fréquentent les écoles primaires, filles ou garçons. Ils l'apprendraient par cœur, le maître en donnerait l'explication, et le soir, à la maison, tous ces enfants feraient entendre des vérités à leurs pères, leurs mères, à tous ceux qui voudraient les écouter.

Durant les veillées d'hiver, le petit traité d'agriculture serait lu, relu aussi bien que l'almanach, de bons principes seraient ainsi répétés chaque jour, tout le monde apprendrait cela comme le catéchisme. Ce qui s'apprend de la sorte, ne s'oublie jamais, ce sont des impressions aussi durables que la vie.

L'instruction est lente, dira-t-on? oui, lorsqu'elle n'agit que sur l'enfance, mais par le moyen que je propose personne ne lui échappera, le grand-père s'instruira le premier, et ce sera l'enfance qui aura fait l'éducation agricole de la famille.

Et d'ailleurs, ne faut-il pas du temps pour tout? l'instruction doit marcher avec les générations, le temps ne leur manquera pas.

Instruire et moraliser, voilà la mission à accomplir. Leibnitz n'a-t-il pas dit : celui qui est maître de l'éducation peut changer la face du monde!!! Rendons-le donc meilleur et plus heureux.

Ecrire pour l'agriculture, c'est faire l'aumône au pauvre, a dit Jacques Bujault, c'est aussi augmenter l'indépendance et la puissance de sa patrie.

CHAPITRE 1er.

§ 1. — Du Sol.

Il y a peu de pays où le sol soit aussi varié qu'en France.

Trois grandes divisions sont généralement adoptées, selon que domine dans la masse du sol arable, l'alumine, la silice, le carbonate de chaux; de là les trois divisions; le sol calcaire, le sol sablonneux et l'argileux.

Plusieurs sortes de terres existent encore chez nous.

Chaque grande division offre des variétés à l'infini, du bon ou mauvais; les classer d'une manière absolue est chose impossible, tant le nombre en est grand.

Le cultivateur, guidé par l'expérience pourra, avec le bon sens qui le caractérise, tirer un parti de toutes les modifications offertes par la nature.

Chacun peut et doit connaître les terrains qui l'entourent; il y aurait de la témérité à vouloir se faire juge de toutes les variétés de terrains qui composent le sol de la France.

Constatons les faits généraux, disons d'abord qu'il existe deux grandes distinctions connues de tout le monde, les plaines et les bocages, qui seront des sources inépuisables de richesse quand on saura les cultiver.

1*

Dans les plaines, les hauteurs, les plateaux sont argilo-calcaires. La couche arable n'y est généralement pas épaisse, elle repose sur une terre ocreuse plus ou moins forte, posée elle même sur un banc calcaire; cette couche retient de la fraîcheur, bien que laissant filtrer l'eau.

C'est un sol très-bon, avec une culture intelligente il donne de belles récoltes et ne s'épuise jamais.

A mesure que le plan s'incline, la roche se montre, le sol est plus sec, souvent maigre.

Les vallées où étaient autrefois le lit d'un ruisseau sont très-fertiles; c'est même ce que nous avons de meilleur, mais elles sont épuisées par une succession non interrompue de céréales.

On trouve dans certaines contrées des marnes grises, blanches, argileuses, parfois ocreuses. L'eau y est retenue plus ou moins longtemps selon la pente du terrain. Les récoltes y sont quelque fois bonnes, mais c'est rare, et cela par la faute du cultivateur.

Dans les plaines on voit parfois des craies pures, des calcaires très-variés, des marnes graveleuses.

Chacune de ces terres veut sa culture, ses plantes, et presque partout elles sont cultivées, semées de la même manière; on dit pourtant que nous sommes le peuple le plus civilisé de la terre?

Dans les bocages, la couche arable est plus profonde, le sous-sol est communément un banc d'argile imperméable à l'eau. Cette couche arable varie depuis le sable le plus mouvant jusqu'à l'argile la plus pure et la plus tenace. On y rencontre souvent le schiste et le granit.

Heureusement, tous ces pays sont montagneux, mamelonnés, formés de côteaux et de vallons, sans cela ils seraient submergés, on ne s'y applique pas assez à dessécher la terre, c'est le premier but qu'il faut se proposer.

Nous possédons beaucoup de marais généralement desséchés, ils forment des prairies qui seraient bien meilleures si elles étaient soignées.

On trouve encore en France des contrées très-étendues, dans lesquelles le sol n'est composé que de sable mélangé à de l'alumine, un peu d'oxide de fer, plus ou moins de terreau, c'est ce qu'on appelle des *landes*.

Les landes sont peu fertiles pour les grandes cultures, parce qu'elles offrent peu de profondeur, le sous-sol est une argile qui retient l'eau, et en fait l'hiver des espèces de marais se desséchant trop l'été; ces landes sont pourtant susceptibles d'améliorations comme on le verra par la suite.

Les produits seraient doublés dans presque tous les terrains, si propriétaires et cultivateurs le voulaient sérieusement. Les propriétaires restent trop étrangers à l'agriculture, souvent avec quelques légers sacrifices, ils amélioreraient leurs terres, en augmenteraient les revenus, et seraient mieux payés des fermiers.

Le sol arable, c'est-à-dire cette couche terreuse, propre à la végétation, et qui se rencontre dans tous les lieux à la surface de notre globe, est, comme on l'a déjà vu, composé de beaucoup d'éléments divers. Ce sol varie autant que les couches géologiques qui l'ont constitué par leur décomposition plus ou moins rapide.

La végétation elle-même contribue beaucoup à la formation et à l'amélioration des terres, c'est ainsi que, sur les rochers, quelques lichens, un peu de mousse, retiennent l'humidité qui, s'aidant des variations atmosphériques, finit par les décomposer peu à peu. Bientôt, cette première décomposition, mêlée aux débris des petits végétaux, forme une couche de terre qui augmente sans cesse.

Tel a été, nous devons le croire, le mode de formation d'un grand nombre de terrains.

Le degré de fertilité du sol dépend du mélange qui a été fait par la nature ou par la main de l'homme, des substances qui le constituent; chacune de ces substances prise isolément, ne possède guère plus de propriétés végétatives que les rochers dont elles proviennent; mais leurs mélanges constituent toutes les terres, depuis les meilleures jusqu'aux plus mauvaises, et en raison de ce qu'elles sont combinées dans des proportions plus ou moins convenables.

C'est donc dans les modifications à faire subir à la couche arable, dans les améliorations à y apporter, que gît tout le secret de l'agriculture.

Il faut essayer d'initier les cultivateurs à cette science, en la mettant à leur portée, c'est en familiarisant l'enfant de la chaumière avec la vraie, la bonne culture, que la lumière se fera, et que l'abondance naîtra définitivement au milieu de nous.

§ 2. — Amélioration des terres.

La France possède plusieurs contrées où l'agriculture est prospère. Les plaines du nord, quelques-unes du midi, une partie de cet immense littoral que les mers envasent et n'ensablent jamais, les bords des rivières et des ruisseaux, les marais desséchés du bas Poitou, de l'Aunis, de la Limagne, de la Flandre et de l'Alsace, font la richesse de notre pays.

Il y a peu de communes dans lesquelles on ne rencontre plusieurs de ces pièces de terre privilégiées qui sont la fortune du propriétaire, mais à côté de toutes ces terres d'exception, il y a plus de la moitié de la surface de la France qui ne produit que peu et qu'une culture intelligente améliorerait singulièrement.

Ce sont les bocages où l'indifférence retarde les défrichements, ce sont les plaines du centre, de l'ouest et du midi qui laissent tant à désirer.

A mesure que la population croît et augmente, on ne peut, comme dans les déserts de la Russie, de l'Asie et du Nouveau-Monde, dire : voilà des terres qui n'attendent que des bras, cultivez. Dans une certaine limite on l'a fait pour l'Algérie, mais alors même qu'il y aurait place pour tous, on ne peut dépeupler ainsi notre France, quand, surtout, elle est capable de nourrir tous ses enfants, ce ne serait, d'ailleurs, que remettre la difficulté sans la résoudre.

On ne trouve la solution du problème que dans l'amélioration du sol, pour en augmenter les produits.

Il y a partout de bonnes terres qui peuvent devenir excellentes, des médiocres qui deviendront bonnes, et enfin beaucoup de mauvaises qui deviendraient passables.

Tout au tour des villages, dans les plus mauvaises terres, on trouve toujours un jardin, souvent un pré; qui a produit cela? le travail et le fumier.

A mesure que les populations augmentent dans les contrées les plus infertiles, la terre productive s'étend sans cesse, la main de l'homme maîtrise la nature; par une circonstance fortuite, les meilleures terres sont elles abandonnées pendant un certain nombre d'années? le désert reprend son empire, il n'y vient plus que des ronces.

On a donc raison de dire que c'est l'homme qui fait la terre.

Chaque sol veut sa culture, ses plantes, ses amendements et du fumier.

Dans les terres épuisées par une succession de céréales, dans celles qui ont été mal fumées, ou qui ne l'ont point été, on n'aura jamais de bonnes récoltes, si on ne les fume et ne les améliore par une culture alterne.

Ailleurs, ce sont de vastes pâturages dans lesquels la nature sème le chiendent; les bestiaux y souffrent de la faim, ne font point d'engrais à l'étable, aussi la misère y est commune.

Le prix des fermes est pourtant augmenté partout, et les dépenses se multiplient chaque jour.

Nous connaissons tous le mal, il frappe sans cesse nos regards? où est donc le remède?

Il est dans l'amélioration du sol, dans la création des prairies artificielles, dans l'augmentation du bétail, dans son entretien à l'écurie pour faire beaucoup de fumier.

Ainsi donc, amélioration du sol par les engrais, par les amendements, par les récoltes enfouies, par la culture des racines, des prairies artificielles, voilà le problème à résoudre.

2e CHAPITRE.

DES ENGRAIS.

Les auteurs ont divisé les engrais en deux grandes classes.

1° Les fumiers ou engrais organiques, dans lesquels on trouve tous les éléments de la végétation,

2° Les engrais minéraux, auxquels on attribue la faculté de faciliter l'assimilation des substances nécessaires au développement des plantes.

Ces derniers engrais sont désignés sous le nom d'amendements.

Une semblable distinction me paraît peu fondée, et d'ailleurs, mon but étant de simplifier, autant que possible, l'enseignement de l'agriculture, je nommerai engrais tous les agents employés par le laboureur pour conserver, réparer et augmenter la fécondité du sol.

Ainsi, la marne, le plâtre, la chaux, les cendres, sont des engrais tout aussi bien que les fumiers, l'urine, le sang, le guano, la poudrette; ils concourent tous au même but, l'accroissement de la végétation.

L'engrais le plus usité, le plus commun et le meilleur, est celui qui, par sa composition, par la nature des éléments qui le constituent, réunit tous les principes fécondants nécessaires aux cultures ordinaires.

Plusieurs cultures spéciales demandent des engrais particuliers, mais mon but n'étant que de familiariser les campagnards avec les plus importantes généralités de l'agriculture, avec les améliorations d'une culture normale et non exceptionnelle, je m'occuperai principalement de l'engrais commun, du fumier de ferme qui offre la totalité des principes nécessaires à la production des végétaux, lorsqu'on met des soins à sa confection et à sa conservation.

§ 1. — Du fumier de ferme.

C'est une chose bien déplorable et bien malheureuse, de voir avec quelle négligence les cultivateurs laissent perdre ou détériorer les engrais dans la plus grande partie de notre France.

On ne rencontre pas de bourg, de village, où les fumiers ne soient déposés de manière à recevoir la pluie, les eaux pluviales de toutes les habitations, comme si on avait le dessein de les laver, et pourtant, on ne saurait trop le dire, tant il est certain qu'il ne faut jamais cesser de répéter les vérités, tout le secret de l'agriculture est dans la confection des fumiers.

Les sociétés d'agriculture, les comices, devraient encourager, par tous les moyens possibles, l'économie des engrais. Il faudrait rechercher et récompenser largement les agriculteurs qui savent soigner leurs fumiers; ce serait le moyen de distribuer le plus utilement une grande partie des primes qui sont presque toujours décernées aux propriétaires éclairés qui trouvent, dans leur éducation et dans leur intérêt, des motifs suffisants d'émulation.

On prime le bétail de choix, la culture des racines, et on ne pense pas que pour faire venir convenablement ces racines, pour pouvoir nourrir et soutenir les belles races, il faut commencer par améliorer le sol par de bons engrais et l'enfouissage des récoltes.

Ce n'est pas pour quelques-uns qu'il faut agir, c'est pour le plus grand nombre, pour le petit cultivateur surtout, qui, livré à lui-même, suit une routine désastreuse, c'est dans la chaumière qu'il faut porter le progrès. Si cette nécessité était reconnue comme une conséquence du morcellement des terres, dans dix années, le sol de la France aurait doublé ses produits.

Alors, plus de disette, plus de famine, notre pays se suffirait à lui-même, l'aisance viendrait dans chaque ferme avec le bonheur, son inséparable compagnon.

Nous ne serions plus à certaines époques désastreuses, les tributaires de l'étranger et de la spéculation.

§ 2. — Conservation des fumiers.

Les fumiers étant la source de toute fortune, les cultivateurs doivent éviter ce qui peut les altérer, les rendre impuissants.

Il ne faut pas qu'ils soient éxposés l'été aux rayons brûlants du soleil; l'hiver, pendant les pluies, ils doivent être préservés des eaux du voisinage qui les dépouillent de toutes les parties salubres et fertilisantes.

On comprendra, d'après cela, la nécessité de ne plus mettre les fumiers sur les points élevés, sur des plans inclinés où les eaux pluviales entraînent le *suin* dans le chemin ou dans la mare.

Les fumiers ainsi abandonnés à toutes les intempéries des saisons, ne contiennent plus que de la paille dépourvue des sucs et des sels si indispensables à la végétation; on doit aussi empêcher les volailles de les gratter, elles y occasionnent une grande perte par le renouvellement des surfaces.

Le peu de précaution du cultivateur le ruine, et menace sa santé; dans la saison chaude, au mois d'août surtout, la fermentation mal conduite dans des masses d'engrais, dégage des vapeurs très-malfaisantes qui produisent souvent des fièvres intermittentes et attirent des myriades d'insectes qui tourmentent les hommes et les bêtes.

Pour faire cesser un pareil état de choses, il faudra bien du temps sans doute, mais il n'en faut pas moins essayer de détruire les habitudes vicieuses.

Que coûterait-il pour garantir les fumiers du soleil ? de planter quelques arbres; des mûriers dans le midi, des ormes ou des peupliers dans les autres contrées? ne serait-il pas facile de construire des espèces de hangars couverts de fougères, de joncs, de chaume?

Quand on ne pourra mieux faire, il faudra placer les fumiers au nord de quelque bâtiment, où ils seront préservés du soleil pendant les heures les plus chaudes de la journée.

Le terrain sur lequel on dépose les fumiers, doit être imperméable, pavé ou glaisé pour éviter toute filtration. Le plan en sera légèrement incliné, afin de diriger le *purin* ou *suin* vers un trou pratiqué exprès pour le recevoir.

Quand il sera impossible de paver ou glaiser l'espace réservé aux fumiers, il faudra y transporter des terres qui s'imprégneront des liquides et augmenteront la masse des engrais.

Si l'on objectait qu'il est dispendieux de transporter ainsi des terres, cette raison aurait peu d'importance, car la terre dont la valeur première serait de 40 à 50 centimes le mètre cube, vaudrait *trois francs*, au moins, lorsqu'elle sortirait de dessous le fumier.

Où trouver cette terre, diront certains cultivateurs toujours embarrassés de faire les meilleures choses lorsqu'elles sont nouvelles?

Partout, doit-on répondre; sur les têtes des champs où la charrue en apporte sans cesse, sur les bords des fossés; si dans la ferme il y a une pièce où la bonne terre soit peu épaisse, il faut la défoncer, prendre le sous-sol qui ne produit rien, et lorsque cette terre vierge aura été en contact avec l'air, qu'elle aura séjourné sous le fumier, elle deviendra un véritable engrais, et augmentera la couche arable des champs sur lesquels elle sera portée. Dans certaines contrées, on peut employer la marne, la tourbe.

Sans fumier, il n'y a pas de bonnes terres, avec du fumier, il n'y en a pas de mauvaises.

Quoi que l'on fasse, il faut détourner les eaux pluviales qui seraient dirigées vers les fumiers, pour cela, on les entoure d'une saillie d'argile, ou de terre bien tassée.

Les liquides de la fosse au purin, servent à arroser le fumier lorsque la surface sèche pendant les chaleurs; quand on n'a pu faire de fosse, on n'en doit pas moins arroser le fumier lorsque le besoin s'en fait sentir, pour éviter une trop grande sécheresse et une fermentation trop chaude et trop active.

Dans le cas où les urines de l'écurie ne seraient pas enlevées en totalité par la litière, ce qui est le mieux, elles seraient dirigées vers la fosse au purin, si c'était possible, ou réunies dans un trou pratiqué exprès. Si on voulait les conserver à l'état liquide, il faudrait les étendre dans le trou, de quatre fois leur volume d'eau à peu près, et y jeter, chaque jour, un peu de plâtre en poudre. Dans le cas, au contraire, où on ne les voudrait pas liquides, le trou serait rempli de terre pour les absorber, ce dernier mode convient surtout pour les petits cultivateurs.

La litière doit être transportée de l'écurie sur le fumier dans des brouettes, et jamais sur des crochets ou des civières, elle n'y sera pas déposée au hasard, mais elle sera étendue, bien tassée, pour éviter les vides qui produisent la moisissure.

Un fumier bien fait doit être assez foulé pour qu'une charrette chargée puisse passer dessus.

La hauteur des fumiers doit être de un à deux mètres, ni plus ni moins. On ne doit pas garnir tout l'espace à la fois, mais le diviser en 4 ou 6 parties, selon son étendue; ces divisions seront chargées alternativement pour pouvoir enlever le fumier séparément et aussi alternativement.

Plusieurs substances ont été conseillées comme donnant plus de valeur au fumier, en fixant ses éléments volatils.

Le plâtre, le sulfate de fer et l'acide sulfurique, étendu de 100 fois son poids d'eau ont été preconisés. Les grandes fermes peuvent tirer parti du premier et du dernier de ces corps, mais, voulant écrire surtout pour le petit cultivateur, je lui dirai d'améliorer son fumier par des soins seulement; lorsque le premier progrès sera réalisé, quand il aura rompu avec ses vieilles et détestables habitudes, il jugera s'il doit aller plus loin.

Ceux qui pourront semer un peu de plâtre cru en poudre sur les fumiers, feront bien d'essayer de suite, une fois qu'ils auront commencé, ils ne cesseront plus.

Dans les grandes exploitations on sépare souvent le fumier provenant des différentes espèces d'animaux, les petits agriculteurs feront bien de les mêler tous, ils s'amélioreront les uns les autres.

§ 3. — Emploi du fumier.

Dans quel état doit-on employer les fumiers?

Faut-il les faire pourrir, fermenter, ou les enterrer au sortir de l'écurie?

C'est une grave question que je ne puis et ne dois traiter en raison du cercle que je me suis imposé.

Les uns disent oui, les autres non, il ne faut jamais jeter le doute dans les esprits que l'on cherche à éclairer.

A ceux qui le peuvent, je dirai : essayez, essayez plusieurs fois; en agriculture, il ne faut jamais s'en rapporter à une expérience ni même à deux, il faut les répéter en changeant de terrain et de culture.

Au plus grand nombre on doit conseiller de faire des fumiers, de les répandre sur les terres au moment où ils ont acquis un aspect gras, quand une convenable macération aura amolli toutes les pailles; qu'elles seront devenues brunes, que les diverses parties en seront homogènes. Dans cet état, le fumier de paille doit peser environ 750 kilog. le mètre cube, il contient 75 pour cent d'humidité.

On dit généralement que le fumier frais ou *long* a une action plus lente et plus soutenue sur la végétation, il semblerait convenir davantage aux terres fortes, compactes et argileuses. Il faut l'enfouir, le couvrir dès qu'il est dans les champs.

Les fumiers fermentés ou *courts* auraient une action plus prompte sur les plantes, mais elle serait de moins de durée, ils conviendraient davantage aux terres légères; il faut aussi les diviser et les couvrir aussitôt leur transport sur les terres; tous les travaux des fermes doivent cesser pour ne pas manquer à cette dernière et rigoureuse condition.

Si on fume les terres en pente, il faut mettre plus de fumier sur les parties hautes que sur les basses où les sucs sont entraînés par l'eau.

Lorsqu'on fume en même temps que l'on emploie des amendements terreux ou alcalins, il faut moins de fumier.

Sur les terres fortes et bonnes, lorsqu'on veut y semer du blé de suite, ce qui est une faute, on doit fumer sans excès pour éviter que les récoltes ne versent; cette observation est du reste presque inutile, les cultivateurs pèchent toujours par l'excès contraire.

Les plantes qui prennent rapidement un grand développement, telles que le chanvre, la luzerne, le trèfle, le maïs, la pomme de terre, demandent plus de fumier que les autres, autrement leur culture appauvrit le sol.

§ 4. — Quantité de fumier nécessaire à un hectare de terre.

Semer sans fumer, c'est se ruiner.

Si tu te moques de la terre, elle se moquera de toi. Pour qu'elle rende, il faut lui prêter, elle ne donnera rien pour rien.

Sans fumier, pas de bonnes récoltes, avec du fumier pas de mauvaises.

Les années sont toujours bonnes pour celui qui fume bien, et souvent mauvaises pour celui qui fume mal (Jacques Bujault).

On doit faire varier un peu la quantité de fumier nécessaire pour un hectare de terre, en raison de la nature du sol et de la plante que l'on veut cultiver.

Les plus sages et les meilleurs agriculteurs (Mathieu de Dombasle, Jacques Bujault, Boussingault et plusieurs autres), recommandent l'emploi de 50,000 kilogrammes par hectare, dans les meilleures terres, dans les plus pauvres et pour les cultures qui en demandent le moins, il ne faut jamais descendre au-dessous de 30,000 kilogr.

Tous les fermiers ont trop de terres pour le fumier qu'ils font; aussi, ils fument un peu les bonnes, moins les médiocres et jamais les mauvaises, il y vient ce qu'il peut.

Cette détestable méthode, digne des temps de barbarie, d'où elle vient, est la cause de toutes les misères des cultivateurs.

Ils disent tous : j'ai 50 hectares de terre, il faut que j'en prenne encore 25, et avec mes charrues, sans plus de dépenses, je cultiverai le tout; les malheureux! c'est leur ruine. Ils n'ont pas assez de fumier pour 50 hectares, à plus forte raison pour 75.

On dit après qu'il y a peu de bonnes terres en France, comment en serait-il autrement? on les sème toujours et on ne les fume que très-mal ou pas du tout.

Il faut donc changer de semblables habitudes, faire autre chose que ce que l'on a toujours vu faire ou fait soi-même. Il le faut pour le bonheur de l'humanité, et pour la prospérité des cultivateurs.

Pour obtenir ce résultat, adressons-nous aux enfants, familiarisons-les, jeunes encore, aux réformes nécessaires, le temps fera le reste. L'instruction est lente, mais rien ne lui échappe, les peuples ne meurent jamais, les générations se succèdent, le temps ne leur manquera pas.

§ 5. — De l'engrais Jouffret.

Cet engrais sera très-précieux pour les contrées malheureuses.

On le fabrique avec des fougères, des herbes, des bruyères, des ajoncs, des genêts, des roseaux.

Les Pyrénées, les Alpes, l'Auvergne, les Ardennes, les Cévennes, toutes les montagnes, tous les marais peuvent en fournir des quantités énormes.

Préparation.

On ramasse de l'herbe, de la paille, des genêts, des bruyères, des ajoncs, des roseaux, des fougères, des branchages. Toutes ces matières, coupées, écrasées, sont entassées sur un plan battu et incliné, on en forme une meule aussi forte que possible.

L'emplacement doit être voisin d'une mare, d'un bout de fossé. On jette dans l'eau du crottin, des matières fécales, les égouts des écuries, le suin des fumiers, de la suie, du plâtre, un peu de sel et de salpêtre.

La meule est arrosée abondamment avec ce liquide plusieurs fois successives à quelques jours de distance. La masse s'échauffe très-rapidement, elle fume, répand, dès le cinquième jour, une bonne odeur de litière, sa fermentation est si active, surtout après le troisième arrosage, que la température du centre s'élève jusqu'à 75 degrés. Vers le quinzième jour, les matières végétales sont ordinairement assez décomposées pour être enfouies comme fumier.

La place doit être disposée de manière que l'eau s'égoutte dans le bassin et sert à une nouvelle opération.

Les quantités suivantes suffisent pour mille kilogrammes de matières ligneuses.

100	kilogr.	matière fécale et urine.
25	—	suie.
25	—	suc de fumier ou suin.
200	—	plâtre en poudre.
30	—	chaux non éteinte.
10	—	cendres non lessivées.
500		grammes sel marin.
320	—	salpêtre.

Toutes ces substances sont déléguées dans l'eau plusieurs jours avant de commencer l'opération.

On obtient ainsi plus de deux mille kilogrammes de fumier.

§ 6. — De la Marne.

Nous avons peu de marne de première formation ou de *falum* en France, presque toutes les marnes sont de seconde formation plus argileuses que calcaires.

Les marnes calcaires ou sèches conviennent aux terres fortes ou argileuses, les *marnes argileuses ou grasses*. aux terres calcaires, toutes sont bonnes pour les terres sablonneuses.

Il faut 150 à 300 charretées de marne par hectare de terre. Elle agit pendant 15 ans, peu durant les trois premières, beaucoup dans les neuf suivantes et faiblement les trois dernières. Encore, ici rien de positif sur la dose du marnage qui doit être plus forte sur les terres très-humides que sur celles qui sont légères; les marnes argileuses doivent être ménagées sur les sols argileux.

La dépense du marnage qui, du reste, n'empêche pas de fumer, est trop forte pour les fermiers qui ne peuvent être certains d'en jouir, parce que les baux sont trop courts chez nous.

Les fermiers qui peuvent se procurer de la marne, et qui ne sont pas assez riches pour faire la dépense d'un marnage complet, feront bien, comme en Angleterre, d'en mettre une forte couche sous les fumiers, de plus légères à mesure qu'on les chargera, et de les couvrir d'une dernière et épaisse couche au mois de Juin. A l'époque des semailles, le tout sera mélangé et conduit dans les champs.

Il est bien entendu que cela ne doit se faire que dans les pays où la marne convient au sol, en doublant ainsi le volume des fumiers, il faudra nécessairement en mettre le double sur les terres.

Dans les cantons du département de la Sarthe qui possèdent des marnières, le marnage se fait de la manière suivante :

Lorsqu'une pièce de terre est désignée pour recevoir l'amendement, on en informe les voisins, et à un jour donné, toutes les voitures de charge de la contrée sont conduites sur les lieux pour participer à l'opération; dès qu'elle est terminée, les travailleurs, maîtres et serviteurs, viennent fraternellement prendre place à un banquet offert par le propriétaire.

Combien de fois le principe de l'association deviendrait un magique levier si on savait s'en servir !

§ 7. — De la chaux.

La chaux peut doubler les produits dans les terres argileuses et sablonneuses. On ne fume pas l'année du chaulage, elle prépare bien la terre pour les trèfles et la luzerne.

On en emploie de 30 à 60 hectolitres par hectare; il est mieux d'en mettre moins que plus, recommencer plus souvent et se contenter de 4 hectolitres par hectare et par année, soit 12 hectolitres pour 3 ans, que de n'en pas mettre du tout.

Plusieurs moyens sont indiqués pour appliquer la chaux, il suffira d'en désigner deux qui sont très-bons, surtout le dernier.

Le premier consiste à prendre la chaux au sortir du four, à la mettre par petits tas dans les champs et la couvrir de terre. Quand on veut semer, on mélange pour étendre et on laboure.

Beaucoup de personnes et les savants surtout, pensent que la chaux doit être employée fraîche. Des expériences très-multipliées prouvent fort heureusement qu'il n'en est pas ainsi; la vieille est tout aussi bonne que la nouvelle. Sans cela, la chaux cesserait d'être utilisée comme elle le mérite, car les chaufourniers ne pouvant suffire à la saison, le prix s'en élèverait trop.

Il est donc possible de prendre la chaux comme on la trouve, d'un mois, d'un an comme de deux. Quand la terre est bien préparée, les semeurs de chaux, le semeur de blé et les laboureurs sont réunis; la chaux les suit.

Si on laboure à plat, les semeurs de chaux jettent à droite et à gauche, si, au contraire, on cultive à sillons, ce qui vaut le mieux pour une petite quantité de chaux, ils suivent et répandent la chaux autant que possible sur l'écret, sur ce qui va former la tête du sillon. Par cette précaution, la semence est en contact avec la chaux, la plante vient toute à la même hauteur.

Il faut chauler et fumer alternativement, sans cela on épuise la terre, et ne pas oublier d'envelopper la main du semeur de chaux avec du linge bien attaché. Sans ce soin, elle serait cautérisée.

§ 8. — Du plâtre.

Les effets du plâtre sont connus de tout le monde aujourd'hui, et pourtant combien de contrées où on ne l'emploie pas.

Les trèfles, le sainfoin, la luzerne, les pois, les haricots, les vesces, donnent des produits remarquables partout; excepté dans les terres humides pour lesquelles il ne convient pas.

Les détracteurs du plâtre prétendent qu'il fait enfler le bétail, cette raison empêche de l'employer dans quelques départements. C'est une erreur grossière, les plantes venant mieux et plus rapidement dans les terres plâtrées, le bétail trouve une nourriture plus abondante et plus aqueuse, de sorte que si on ne prend, pendant les premiers jours du vert, les précautions dont nous parlerons plus tard, les animaux enflent, mais cela arrive souvent, qu'il y ait eu ou non du plâtre sur le sol.

Le plâtre doit être employé cru, l'hiver, on le casse et on le broie bien fin.

DES CENDRES DE BOIS.

Les cendres ont une action puissante et salutaire sur la végétation, surtout dans certaines terres; elles donnent de la solidité aux terres légères, ameublissent les sols argileux; elles sont plus utiles aux terres humides qu'aux sèches à condition, cependant, qu'elles soient bien égouttées.

Les cendres sont avantageuses sur les prés, les pâturages, elles conviennent surtout au blé noir, au chanvre, à la navette; les cendres n'ont d'action que pour deux ans, la dose qui varie beaucoup est d'environ 12 hectolitres par hectare.

L'expérience a démontré que, comme pour l'emploi de la chaux, de la marne, le mélange du fumier avec les cendres augmente leur action, et accroît beaucoup la fécondité du sol, sans l'épuiser, par le développement de la végétation. Huit à dix hectolitres de cendre par hectare et moitié de la dose ordinaire de fumier, produisent, sur certaines terres, de plus abondantes récoltes que l'emploi séparé de ces deux substances.

Au printemps, on jette les cendres sur les prés, les pâturages; au moment de la semaille, sur les orges, les avoines, le maïs; pendant l'été, on emploie les cendres pour le blé noir, la navette, et enfin, à l'arrière saison, pour la semaille du froment et du seigle.

Les cendres doivent être enterrées, autant que possible, par un léger labour, l'expérience a démontré que leur action est plus sûre lorsqu'elles sont enterrées avec la semence, que répandues sur le sol. La pratique indique aussi que les cendres lessivées sont préférables à celles qui ne le sont pas; la théorie est ici en défaut, mais en agriculture, plus que partout ailleurs : *experentia rerum magistra.*

La dose des cendres est augmentée en raison de l'humidité du sol, qui, comme je l'ai déjà remarqué, doit être complétement égoutté; si l'eau y séjourne, l'action des cendres est nulle, Cela explique leur peu d'effet dans les années pluvieuses.

§ 9. — Des plantes enfouies.

Cet engrais se produit partout, et il n'est pas le plus mauvais, toutes les terres s'en trouvent bien, et cependant c'est le moins connu, le moins répandu.

Dans plusieurs contrées, on enfouit la dernière coupe de trèfle, cette bonne pratique est peu appliquée parce que les cultivateurs, voulant récolter la graine, la deuxième coupe est retardée et la troisième devient presque nulle.

Les auteurs indiquent d'enfouir le seigle, le colza, les choux, toutes les plantes fument.

Dans le midi de la France, il faut semer du lupin en automne, dans l'ouest et le centre, en mars, plus tôt il gèlerait; il aime les terres fortes et humides, la graine peut être récoltée fin septembre ou octobre, suivant la localité, si elle ne peut réussir, on en fait venir du midi.

Pour enfouir le lupin, on doit le semer au mois de juin, la plante est assez forte en octobre; l'enfouissage se fait en la couvrant parfaitement.

Ce mode de fumer équivaut à 35 ou 40 mille kilog. de fumier par hectare.

Dans les terres calcaires, même les plus légères, il faut enfouir la vesce en pleine fleur vers la fin de mai, c'est un engrais énergique, il équivaut à 25 mille kilog. de fumier par hectare.

Dans les terres sablonneuses, argilo-siliceuses, il convient d'enfouir le sarrasin ou le chou seul, auquel on joint souvent du colza que l'on répand sur le guéret après que le chou est semé.

Enfin, dans les chènevières, ce qui convient surtout, c'est une vesce noire et du seigle ou ces deux plantes mélangées et semées très-épais, pour enfouir en semant ou plantant.

Sur des enfouissages il faut faire des haricots, des pommes de terre, la culture en sillons est préférable, parce que la plante est en contact direct avec la semence.

§ 10. — Poudrette, noir animalisé.

Bien que cet engrais soit peu à la portée du petit cultivateur qui le connaît à peine, il est impossible de le passer sous silence, en raison des services qu'il rend à certaines cultures et de la possibilité de s'en procurer facilement, en utilisant des matières fertilisantes au plus haut degré, et qui sont toujours perdues dans les campagnes.

On doit faire partout des fosses d'aisances, il y aura propreté, salubrité et profit. Lorsque ces fosses seront pleines, on y jettera par mètre cube environ, un mélange de 30 kilog. de charbon de bois en poudre, 5 kilog. de plâtre crû et 5 kilog. couperose verte, le tout en poudre.

A défaut de poussier de charbon, on peut le remplir par le double de son poids de tourbe bien sèche et pulvérisée, ou par un hectolitre de vase desséchée, provenant des mares ou des fossés de marais.

Le fumier obtenu ainsi à bon marché, a l'avantage d'agir puissamment et immédiatement; il convient surtout pour la culture du chanvre, du colza, du lin, du tabac.

Dans toutes les contrées où la culture est très-avancée, cet engrais est le plus recherché et le plus estimé. On y recueille aussi l'urine dans les villes, les casernes, tous les établissements publics; on peut réfléchir aux immenses richesses perdues pour l'agriculture, en apprenant que chaque litre d'urine produirait un kilog. de froment.

Si les cultivateurs manquent d'engrais, c'est qu'ils le veulent bien, la maudite routine les aveugle et les empêche d'utiliser tous ceux que Dieu a mis sous leur main.

Qu'ils regardent cependant les blés dans les terres fumées et qui ne sont pas épuisées; ce n'est pas l'hiver qu'il faut faire la comparaison, mais au printemps, lorsque la plante travaille, pousse de nouvelles racines, qu'elle talle enfin, ils verront la différence, c'est à cette époque que le fumier agit visiblement.

Au moment de la récolte, qu'ils comparent le poids des gerbes de celui qui fume avec le poids des gerbes de celui qui ne fume pas ou qui ne fume qu'à moitié. C'est surtout aux mauvaises années que la bonne culture paie les soins avec usure, alors que les mauvais agriculteurs crient disette et misère.

Celui qui manque de fumiers pour ses terres, doit employer la chaux, les récoltes enfouies selon le sol, ce dernier moyen ne coûte presque que du travail.

On ne doit jamais oublier que neuf années sur dix, quinze hectares bien fumés en valent trente qui le sont mal.

3e CHAPITRE.

DES ASSOLEMENTS.

L'atmosphère et les matières organiques qui se trouvent répandues dans la terre, entretiennent simultanément la vie des plantes; bien que l'on ignore le rapport suivant lequel chacune de ces deux sources active l'accroissement des végétaux, on a acquis la preuve par expérience que cultivées successivement dans un même terrain, l'accroissement en devient moins sensible, ou est retardé, de là l'ancienne application de la jachère ou le repos de la terre.

Ainsi certaines plantes, le trèfle, les pois, le lin, ne reviennent dans le même sol qu'après plusieurs années; on a remarqué que les unes améliorent le sol, que d'autres le fatiguent peu et que beaucoup l'épuisent.

Au nombre de celles qui l'épuisent, il faut désigner le chou pommé, l'orge au printemps, le seigle, le froment, le colza, le pavot, le chanvre, le lin, le navet d'août.

Depuis un temps immémorial, il a été reconnu que pour parer à cet épuisement du sol, on avait les excréments humains et ceux des animaux qui rétablissaient la fertilité; et pourtant, malgré l'ancienneté de cette découverte, que de richesses perdues, gaspillées par l'incurie et la paresse de l'homme, qui ne sait utiliser ce que Dieu, dans son inépuisable bonté, s'est plu à semer sous ses pas.

Dans ces derniers temps on a remarqué enfin, que si une plante ne peut végéter avantageusement plusieurs années de suite sur le même terrain, ce terrain ne cesse pas pour cela de convenir à d'autres et qu'il peut en produire immédiatement de nouvelles.

Ces expériences groupées, réunies, ont donné naissance à un système d'agriculture, dont le but est de faire sans cesse produire à la terre avec le moins de dépense possible en fumier, le rendement le plus avantageux.

Puisqu'il est reconnu à la suite d'épreuves multipliées, faites sur toutes les terres d'Europe, que par une culture alterne de certains végétaux dans le même sol, on conserve la fertilité tout aussi bien que par la jachère, il faut abandonner cette dernière méthode qui est vicieuse, pour adopter un bon système d'assolement, capable de faire toujours produire à la terre sans l'épuiser.

Un des plus grands avantages de la culture alterne, est sans contredit l'usage périodique des plantes améliorantes, des plantes qui puisant une partie de leur nourriture dans l'atmosphère, produiront le plus de matière végétale avec le moins d'engrais et dans le moins de temps.

L'agriculture étant avant tout une science de localité et d'observation, le bon cultivateur choisira le système qui conviendra à ses terres, ou mieux il le modifiera en raison de son sol.

Cela lui sera facile, lorsqu'il aura médité sur ce petit traité, consulté s'il le juge convenable, son maire, son curé ou son voisin; on voit toujours mieux dans les choses d'expérience à plusieurs que seul.

§ 1. — Assolements les plus généralement suivis.

—

NUMÉRO UN.

A Bechelbronn, sous la direction de M. Boussingault.

1re année. Pommes de terre ou betteraves fumées.
2e — Froment semé en automne de la première année, trèfle intercallé au printemps.
3e — Trèfle en foin, enfouissage de la dernière coupe.
4e — Froment sur trèfle rompu, petite récolte dérobée de navets.
5e — Avoine.

NUMÉRO DEUX.

1re année. Pommes de terre ou betteraves fumées.
2e — Froment semé en automne.
3e — Trèfle en foin, enfouissage de la dernière coupe.
4e — Froment.
5e — Pois fumés.
6e — Seigle ou avoine selon la terre.

NUMÉRO TROIS.

1re année. Pommes de terre ou betteraves fumées.
2e — Froment.
3e — Froment ou avoine.
4e — Trèfle rouge, trois coupes.

NUMÉRO QUATRE.

1re année. Navets, pommes de terre ou betteraves fumées.
2e — Froment, après la récolte trèfle ou sainfoin selon la terre.
3e — Trèfle ou sainfoin.
4e — Trèfle ou sainfoin.
5e — Trèfle ou sainfoin.
6e — Trèfle ou sainfoin.
7e — Pommes de terre, betteraves ou navets.
8e — Froment.
9e — Orge, seigle ou avoine, selon la terre.

L'assolement numéro un est le plus répandu en Alsace, cette terre classique de l'agriculture.

Le numéro deux a été appliqué par Schwertz, c'est une rotation avantageuse, seulement je crois qu'il est bien d'enfouir la dernière coupe de trèfle avant le second froment.

Le numéro trois est un assolement quatriennal, adopté par M. Crud, mais comme une récolte de trèfle n'est pas bien sûre lorsqu'elle vient tous les quatre ans, il vaudrait mieux le remplacer par une autre plante fourragère convenable au sol sur lequel on agirait, ou ne pas le faire intervenir deux rotations de suite. Cette plante devrait prendre la troisième année de l'assolement le second froment se ferait à la quatrième; par ce moyen, on assurerait le fourrage et on n'aurait pas deux années successives de froment, ce qui doit créer des chances d'insuccès qu'il faut éviter dans une bonne agriculture.

Enfin, le numéro quatre est employé sur les bords fertiles du Rhin, dans le Palatinat, il convient assez lorsqu'on manque de fumier, puisqu'il ne l'applique que la dixième année. Dans certaines terres il serait possible de ne faire le trèfle que la troisième année, le premier froment serait suivi d'une avoine ou d'orge.

Comparer les assolements dans un livre est chose impossible, on ne doit que les indiquer, ils ne peuvent être jugés que par l'expérience; le cultivateur qui aura quelques connaissances, une bonne pratique, saura promptement ce qui convient le mieux à ses champs.

4e CHAPITRE.

DES PRAIRIES.

Le cultivateur qui a des prairies s'enrichit, celui qui en manque se ruine.

Point de bétail sans fourrage, point de fumier sans bétail et point de grain sans fumier. (Jacques Bujault.

Voilà des vérités aussi vieilles que le monde, on ne peut s'empêcher d'y croire, et pourtant, combien peu en tiennent compte.

Dès qu'un pré naturel est à vendre, on accourt de quatre lieues à la ronde, dans certains pays on l'achette jusqu'à six mille francs l'hectare, sans penser que toutes les terres en se reposant, en s'améliorant, peuvent faire des prés artificiels; il ne s'agit que de choisir la plante qui leur convient.

Un bon cultivateur doit avoir le tiers de ses terres en prés, et tout propriétaire qui comprend ses intérêts et ceux de son fermier, doit lui en faire l'obligation par son bail.

Les prés nettoient la terre, ils la rendent propre à toutes les cultures. En semant des prés tous les ans, on peut en rompre chaque année, et un journal défriché en vaut trois.

Les mauvais cultivateurs prétendent que les prés ne viennent pas partout, que leurs terres ne valent rien pour les prés!!! Il faut détruire une si funeste opinion, il n'y a pas de terres où on ne fasse venir un pré d'une espèce ou d'une autre.

Quelques-uns disent qu'ils n'ont pas de place pour serrer beaucoup de foin, la grange du bon Dieu n'est-elle pas là; qu'ils voient dans les pays où on cultive bien, ils en trouveront plus dehors que dedans; on n'est pas bon cultivateur si, après la récolte, on n'a du foin à la belle étoile.

Ils disent encore: que faire de tant de fourrage, quand on n'a pas assez de bétail? du bétail, mais ils peuvent tous s'en procurer; il faut acheter de petits veaux de boucherie, avec une vache on en élève six par an, ce qui n'empêche pas de vendre le beurre comme je l'indiquerai plus loin.

Au bout de deux ans, les veaux sont grands, à trois, les génisses font des petits; l'argent, le fumier, tout vient à la fois.

Ce n'est pas sans quelques soins, mais qu'a-t-on sans peine? tout vient avec le temps, le grand chêne de la forêt, et le gros orme du village, ne sont pas venus dans un jour.

§ 1. — Prés naturels.

Le foin naturel n'est pas toujours bon, il est souvent

aigre, peu nourrissant, les bêtes à cornes le mangent bien, mais les chevaux, les mules et les moutons ne s'en soucient pas, quand il n'est de première qualité.

Les prés naturels sont souvent négligés. Il faut les arroser par irrigation lorsque c'est possible, les couvrir de terreau tous les 4 ou 5 ans, s'ils s'ont humides; les cendres lessivées leur conviennent; on peut les améliorer en y semant, dans la saison, de la graine de foin de bonne qualité.

Quand une prairie est sèche, qu'elle est remplie de mousse, qu'elle donne peu, on doit la labourer, y mettre des pommes de terre, un colza, puis un froment, une baillarge, de l'orge selon la terre, et terminer par une prairie anglaise.

Si beaucoup de prés naturels sont mauvais, il y en a de très-bons. Nous avons en Normandie, en Bretagne, dans l'Ouest, de riches et magnifiques prairies utilisées comme herbages pour l'engraissement des bœufs.

Là, où les prairies sont bonnes, il est indispensable de les maintenir, c'est une faute énorme que de vouloir y introduire une culture alterne.

On ne connaît pas de rotation, si bien entendue qu'elle soit, capable de soutenir la comparaison sous le rapport des produits avec les bons herbages bien entretenus.

Dans ces herbages, la végétation est continue, l'hiver même ne l'interrompt pas complétement, elle se soutient pendant les jours de soleil, pour recommencer au printemps, et marcher continuellement jusqu'aux froids.

On peut dire avec toute assurance que les bonnes prairies produisent, sur une surface donnée, plus de végétation que les meilleures cultures, la main-d'œuvre y est faible, et les récoltes manquent rarement.

Si on veut faire de bon foin, il faut couper l'herbe avant sa parfaite maturité, et ne jamais la laisser sécher sur pied.

§ 2. — Prairies artificielles.

C'est une triste chose que de voir en France des plaines immenses couvertes de céréales et presque point de prairies artificielles.

Le cultivateur se plaint ensuite que dans certaines années les récoltes lui manquent !!!

Comment en serait-il autrement? il fume mal ou pas du tout, et dans les mauvaises années, il n'y a que les terres fumées et non épuisées qui donnent du grain.

Plus de disette, plus de cherté exorbitante des céréales, avec beaucoup de prairies artificielles qui nourissent du bétail pour avoir du fumier.

Les laboureurs disent tous, mais pour payer nos fermes il faut de l'argent et nous n'en faisons qu'avec le blé, nous sommes donc obligés de semer et beaucoup, encore souvent, ne récoltons-nous pas assez.

Voilà où est toute la difficulté, elle git dans la transition du grain à la prairie; les hommes expérimentés savent bien qu'il faut faire des prairies, mais ils ne voudraient pas diminuer le sol arable, se figurant qu'avec un hectare de moins, on récolterait huit à dix hectolitres de blé de moins.

C'est là, pourtant, une grave erreur, on ne récolte pas en raison de ce que l'on sème, mais bien en proportion de ce qui est fumé; après un pré, la récolte de froment est triple, toute terre qui donne du blé peut faire un pré qui la repose, nourrit le bétail et fume par enfouissage.

C'est aux propriétaires surtout, à vaincre cette difficulté de transition, en obligeant, par les baux, les fermiers à avoir le tiers des terres en prairies.

Que l'exemple soit donné sur deux ou trois fermes par canton, et bientôt on le fera partout.

La première condition, et condition rigoureuse pour

faire un bon pré artificiel, est de purger la terre de tout le chiendent qu'elle peut contenir.

§ 3. — Du sainfoin.

Les plaines devraient être couvertes de sainfoin. Cette plante prépare mieux la terre pour le froment qu'aucune autre, elle améliore le plus un sol épuisé. Elle vient bien dans les défrichements, les terres incultes, les vieux pâturages; trois ans après qu'un sainfoin a été rompu, on peut le resemer.

On prétend que le sainfoin coûte beaucoup, c'est une erreur puisqu'il est possible de récolter la graine sans avoir moins de fourrage.

Il est nécessaire d'en faire chaque année, il doit n'être fauché que 4 à 5 ans; c'est un bon pâturage pour les vaches, les bœufs, les veaux, mais les chevaux et les moutons, ainsi que les mules, lui font grand mal, le tuent souvent.

Après un froment fumé, si on veut faire un bon sainfoin, il faut labourer une première fois au mois d'octobre, une seconde en février ou mars, écrêter au mois d'avril, puis labourer en travers à l'oreille, semer et herser pour couvrir.

On doit semer six hectolitres de graine par hectare; si la terre convient au trèfle, on en joint 2 kilog.; si c'est une luzerne qui semble préférable, c'est 12 kilog. de graine qu'il faut joindre au sainfoin. Si on a un sol maigre et léger, il faut ajouter par hectare 4 kilog. de lupuline et herser avec des branches et des épines.

On ne doit jamais attendre que le sainfoin soit vieux pour le rompre, le froment donne triple récolte après lui, il est donc indispensable d'en faire tous les ans.

§ 4. — De la luzerne.

Toutes les terres qui ont du fond, où l'eau ne tient

pas, lui conviennent, quelques pouces de terre végétale lui suffisent ainsi qu'un sol rempli de cailloux (silex).

Les défrichements, un vieux pré, un bois arraché lui sont défavorables, il faut à la luzerne une terre fumée de longue main et labourée depuis 12 à 15 ans au moins, elle ne peut reparaître que douze années après avoir été détruite.

La luzerne ne doit être coupée que deux fois la première, la seconde et la troisième année; il ne faut faire pâturer que cette dernière, et encore légèrement, c'est le moyen d'avoir la meilleure luzerne du pays.

Dans certains sols, les racines de trèfle et de luzerne sortent de terre la première année, il faut y faire attention, car si on les coupe tout est perdu.

Pour une bonne luzerne, la terre doit être ainsi préparée : 1re année, froment ou seigle fumés; seconde, des pommes de terre très-bien fumées; 3e année, encore un froment fumé; après la moisson, bon labour pour détruire les herbes, au mois de novembre un nouveau, un 3e en février ou mars, écrêter au mois d'avril, donner de suite une nouvelle façon en travers à l'oreille, et herser; du 5 au 20 mai, dernier labour en travers et herser encore, puis semer la moitié de la graine en long, le reste en travers pour bien garnir, couvrir avec une herse de branches et d'épines.

A la rigueur on peut se dispenser de fumer la 3e année, malgré que ce soit préférable.

Il faut 30 kilog. de graine de luzerne et 4 kilog. de trèfle par hectare; dans quelques terres, il est bien de semer, après le dernier labour à l'oreille, 4 hectolitres de sainfoin par hectare, herser pour couvrir, et semer après autant de luzerne et de trèfle.

Dans les luzernes, il ne faut pas laisser venir le trèfle à graine pendant les trois premières années; avec ces précautions on obtient, dans certaines terres, la plus productive de toutes les prairies artificielles.

§ 5. — Du trèfle ordinaire.

Pendant longues années, le trèfle n'a été semé que dans les terres fraîches, propres à la luzerne, ou dans les terres fortes; mais depuis que les effets du plâtre sont connus, il est cultivé partout dans les plaines, les terres légères, calcaires où vient le sainfoin.

Plusieurs cultivateurs conseillent de semer le trèfle à sillons après les avoir abattus par un coup de herse, on fauche alors en travers des sillons.

Le trèfle ne doit être semé que 5 ans après avoir été rompu, il faut 18 kilog. de graine par hectare.

M. Sénac, propriétaire dans le *Gers*, a proposé un moyen de semer le trèfle qui convient dans le midi, l'ouest et une partie du centre de la France, où la jeune plante est souvent brûlée par quelques jours de soleil, mais il est inutile dans le nord et l'est, la terre y conserve assez de fraîcheur.

Ce moyen consiste à semer le trèfle en bourre, on peut ainsi le cultiver sur les sols argilo-calcaires, même où domine le calcaire, comme dans les sables qui conservent un peu d'humidité.

Pour obtenir cette semence, il faut bourrer le trèfle à la manière ordinaire, battre la bourre avec le fléau plus que de coutume et vanner deux fois de suite, pour ne prendre que la bourre qui contient de la graine.

Ainsi préparée, bonne et bien sèche, la bourre rend à peu près moitié; il en faut donc 36 kilog. par hectare.

La bourre de trèfle est toujours humide, elle a besoin d'être souvent remuée et mise en sacs bien sèche. Les souris la dévorent si on n'y prend garde; pour la semer, il faut un temps calme en raison de sa légèreté.

Le trèfle peut remplacer la jachère dans le système triennal, le froment qui le suit est presque toujours beau.

§ 6. — Du trèfle blanc.

Il est bon pour les terres humides, dans les bocages, c'est un excellent fourrage, vert aussi bien que sec. Il faut le semer comme l'autre; un peu moins de graine.

§ 7. — Du trèfle incarnat.

Il vient partout, toutes les terres lui sont bonnes, petites comme grosses, dans les terres à froment comme dans celles à seigle; bien entendu qu'il viendra mieux sur un sol qui aura été fumé que sur celui qui ne voit jamais d'engrais; les terres des mauvais cultivateurs se reconnaissent partout.

Le trèfle incarnat se noie très-facilement, il faut donc des sillons d'écoulement dans les champs qui sont trop mouillés l'hiver.

Dans un pré manqué, un chaûme, un vieux pâtis, un mauvais pré haut, il faut passer la herse bien chargée, écorcher la terre et y semer le trèfle incarnat; il doit être mis en terre fin août ou septembre, dès que les nuits sont fraîches; la première coupe a lieu fin avril ou mai, la chaleur ne lui fait rien, il ne brûle pas.

Pour le faire sur une terre à grain, on y passe la herse si on n'a pas le temps de labourer, et aux premières pluies, lorsque les nuits sont humides, il faut le semer plus tôt que trop tard, c'est la bourre que l'on met en terre, 60 kilog. par hectare; on ne couvre point : c'est la graine des paresseux.

La vieille graine ne lève pas, il faut donc la récolter soi-même et la visiter souvent au grenier pour l'empêcher d'échauffer.

Pâturage.

L'incarnat pousse l'hiver, c'est le premier pâturage, au mois de mars, au commencement d'avril, on peut y mettre les moutons, les agneaux, les cochons qui le mangent très-bien, puis les veaux, les vaches et les bœufs, enfin les chevaux; il ne fait jamais enfler les animaux; tous l'aiment, au commencement, on le fait pâturer par tâches.

Vert à l'étable.

Aucune autre plante ne le vaut pour cet usage. on peut le donner à volonté sans danger, le vieux poil tombe au bout de 15 jours, le bétail change à vue d'œil, ce trèfle est le meilleur fourrage vert.

Fourrage sec.

L'incarnat fleurit à la fin de mai, on fauche ce qui ne peut être mangé vert à l'étable; il est très-difficile à faire sécher, il lui faut huit jours de beau soleil, et on doit le bien soigner; encore est-il prudent de le placer dehors; en grange il peut s'échauffer et mettre le feu; vert, il donne du lait aux vaches; sec, il le leur enlève, on ne doit pas leur en donner dans cet état.

Il produit tant que tout le monde doit en faire.

§ 8. — Du ray-gras.

Le ray-gras convient aux terres fortes et fraîches; il aime certaines terres froides et ne dédaigne pas celles qui sont fumées de longue main.

Il doit être semé en abondance dans les bocages, les pays couverts; c'est un très-bon fourrage, la plante donne beaucoup de graine, il faut couper mûr, battre et bien nettoyer.

Il doit être semé en automne, à sillons autant que possible, les abattre par la herse, l'hectare demande de 35 à 40 kilog. de graine.

Quelques cultivateurs mettent le ray-gras en terre au printemps, la récolte n'est jamais aussi abondante, la plante ne *talle* pas, ne *gaisse* point.

Souvent, après la première coupe, la chaleur le tue, les pluies d'automne le relèvent quelque fois; si on le croit mort, il faut labourer pour un froment ou un seigle; le ray-gras peut remplacer, sur les terres fortes et humides, l'année de jachère.

§ 9. — De la lupuline.

Les cultivateurs qui en ont fait, prétendent que c'est le meilleur pâturage connu, il ne produit pas le plus, mais il se soutient le mieux.

La lupuline est peu cultivée, l'usage s'en répandra quand on aura pu l'apprécier.

Si on veut récolter la graine, il faut couper la plante le matin, la battre sur un drap et la faire bien sécher dans les greniers; mise en sacs trop tôt elle s'échauffe et ne germe plus. cette graine est bonne pendant sept années, au lieu que celle de sainfoin ne vaut rien la seconde.

Pour faire de bonne lupuline, il faut herser la baillarge quand elle a deux feuilles, semer 30 kilog. de graine par hectare sans se donner la peine de couvrir.

§ 10. — Des prair es anglaises.

Voilà une très-bonne chose qui nous vient des Anglais, et quoiqu'ils ne soient pas encore tout à fait nos amis, parce que nous avons sur le cœur certains faits historiques, prenons toujours ce qu'ils font de bien.

Pour un hectare de terre, on mélange 5 kilog. de graine de trèfle ordinaire, autant de trèfle blanc, 5 kilog. de lupuline, 2 kilog. de chicorée, on doit semer au printemps, moitié en long, moitié en travers, et herser légèrement : aussitôt il faut semer 20 à 24 sacs de graine de foin naturel par hectare, cette graine doit provenir, autant que possible, de bons prés hauts, puis on couvre avec la herse de branches et d'épines.

L'année suivante on laisse mûrir, la graine qui tombe améliore la prairie le foin est battu pour obtenir la graine qui, mêlée à moitié de graine de foin que la première fois, sert pour une autre prairie.

Les prairies anglaises durent 8 ou 10 ans, et fournissent des regains considérables. Elles sont convenables surtout pour les bocages, dans les terres fortes et humides; les vieux prés qui ne donnent plus rien doivent être convertis en prairies anglaises après trois ou quatre années de labour et de production,

§ 11. — De la chicorée.

C'est une précieuse ressource dans les bocages et sur un sol humide, mouillé; la chicorée pousse vite et dure 3 à 4 ans. On la coupe au printemps pour les bêtes à cornes, les moutons s'habituent bien à la manger ; on fait pâturer les regains ; il ne faut pas couper sec.

La chicorée doit être semée comme le trèfle, il faut 18 kilog. de graine par hectare.

Il faut bien ne pas oublier que le bétail ne doit jamais mettre le pied la première année dans une prairie que l'on veut conserver, si les moutons y vont, tout est perdu.

Lorsque l'été a été frais il y a moins de danger à faire pâturer légèrement le trèfle et la lupuline, mais jamais la luzerne et le sainfoin.

§ 12. — Des brizeaux.

Outre les prairies artificielles, les bons cultivateurs font plusieurs espèces de fourrages qui rendent de très-grands services l'hiver et au printemps; on les désigne sous le nom de brizeaux.

Brizeau d'hiver. — Dès que le temps est humide, on sème dans des terres à orge, 12 kilog. de graine de navette par hectare, que l'on couvre avec la herse de branches et d'épines; du 1er janvier au 1er mars, on en donne aux bœufs, vaches, veaux et moutons; en mars ou avril on sème sur cet e terre l'orge qui lui convient.

Brizeau de printemps. — Dans le mois de septembre on sème, après deux labours, et sur un guéret fin, du seigle très-épais; vers le premier avril on donne à l'étable.

Brizeau productif. — Un hectolitre d'avoine d'hiver et autant de garobe sur un hectare, si on sème en septembre on donne à l'étable, dès le 15 avril. l'avoine de Russie, seule dans la même proportion et semée épais, fournit du 1er juin au 15 juillet, une nourriture verte, très-bonne et fort abondante.

Tous les fourrages verts, à l'exception de la lupuline et du trèfle incarnat, doivent être administrés avec de certaines précautions. Dans les premiers jours, il faut les mélanger avec de la paille; si on fait pâturer, pendant dix jours, on doit donner, à l'écurie, de la paille la nuit et dans le milieu du jour, par ce moyen le bétail n'enflera pas et n'aura pas d'indigestion.

5e CHAPITRE.

DES CÉRÉALES.

Céréales dérive de Cérès, déesse des moissons chez les payens.

On désigne sous le nom de céréales, les plantes à semences farineuses, et qui appartiennent spécialement à la grande famille des graminées, le froment, le seigle, l'orge, l'avoine, le maïs; on comprend aussi, au nombre des céréales, le sarrasin, quoiqu'il soit de la famille des poligonées.

Ces plantes sont la base de la nourriture des hommes, et malgré l'accroissement si utile que prend chaque jour la culture de la pomme de terre, le pain de froment, de seigle, d'orge ou de maïs, sera toujours la principale ressource des populations. Aussi le bien-être du pays est-il étroitement lié à l'abondance des récoltes de blé.

§ 1. — Du froment.

Le froment est cultivé depuis que l'instinct conservateur de l'homme lui en a fait remarquer les propriétés nutritives.

Cette plante a éprouvé, plus que toute autre, l'action des causes qui produisent les variétés dans les végétaux.

Le nombre infini qu'en offre le froment, ne permet pas de les déterminer dans un ouvrage aussi restreint que ce traité.

Il suffit de bien savoir que presque chaque espèce de terre veut son froment. On devra donc distinguer avec soin les terres fortes, froides et humides, qui sont tardives, de celles qui, légères, faibles, chaudes, sont plus hâtives; semer la même espèce de froment partout, serait une grande faute.

Ainsi, comme il fait humide ici, sec plus loin, froid dans le nord, chaud dans le midi, qu'il pleut souvent sur un point, très-rarement ailleurs; c'est au cultivateur à trouver ce qu'il doit faire, aussi bien pour l'époque de la semence que sur le choix de cette semence; son bon sens et son expérience seront de bons guides.

Une fois la variété du froment, qui convient à la terre, au climat, bien connue, il faut soigner la semence, la cribler, la vanner deux fois, quatre fois, si c'est nécessaire; occuper les vieillards, les femmes, les enfants, passer les veillées à la nettoyer, la trier enlever la nielle et l'ivraie; si, une première année, on ne peut traiter ainsi que la moitié, le quart de la semence; l'année suivante on prendra sur le blé qui en proviendra, pour la reproduction.

Le temps et la bonne volonté sont tout en agriculture, il n'y a que les ivrognes et les paresseux qui ne réussissent pas.

Le froment prend place dans les rotations, soit après les plantes sarclées, les racines ou les plantes fourragères, il aime un terrain frais, consistant, suffisamment calcaire et contenant des matières organiques. Il vient bien mieux sur les sols où domine le principe argileux, que sur ceux où le sableest en trop grande quantité.

Chaulage.

Avant de confier les semences à la terre, il faut leur faire subir une opération connue sous le nom de chaulage, parce qu'on la pratiquait exclusivement au moyen d'un lait de chaux.

Généralement le lait de chaux est versé bouillant sur le blé, on remue avec attention; il est mieux de le faire tremper dans la liqueur pendant douze heures. Depuis plusieurs années on emploie avec un très-grand succès, une dissolution de sulfate de cuivre (couperose bleue), dans laquelle le froment doit tremper trois quarts d'heure environ. Il faut 100 grammes de sulfate pour un hectolitre de blé.

Quantité de la semence.

Cette question, d'une haute gravité, ne peut encore se traiter dans un aussi petit livre comme on le désirerait.

Sur les bonnes terres, la quantité la plus généralement admise par les hommes d'une bonne expérience, est de deux hectolitres par hectare.

La semence doit être en raison de la valeur des terres, c'est-à-dire, moindre sur les mauvaises, la pratique et le jugement du cultivateur sont encore invoqués dans cette circonstance comme dans bien d'autres.

Mais de ce que la science ne peut, en bien des occasions, que s'en rapporter à la raison du laboureur, ce n'est pas un motif pour qu'il manque de confiance en elle, bien au contraire, il doit l'étudier, la réfléchir et s'appuyer sur elle pour juger les faits que lui seul peut saisir et apprécier.

Le froment n'aime pas le guéret trop fin comme les prés, le seigle, l'orge, il lui faut une terre liée, qui tienne bien, avec de petites mottes; si elle est trop en cendres, on doit mettre à plat, passer le rouleau deux fois plutôt qu'une, pour l'*accacher*, la tasser, la plomber enfin.

§ 2. — Du seigle.

Le seigle est surtout avantageux en ce qu'il prospère

dans les terres où la culture du froment est peu productive et souvent impossible.

Sa farine est moins nourrissante que celle du froment, mais le pain dans lequel il en entre une certaine quantité n'est pas mauvais, il est fort utile dans une grande partie de l'Europe.

Le seigle, sur les terres qui lui conviennent, est un fourrage vert très-abondant et très-bon.

La paille de seigle est d'une grande ressource par son abondance, soit comme litière, soit dans les usages divers auxquels on l'utilise.

Toutes les terres qui ne contiennent pas trop d'humidité lui conviennent, même les terres sablonneuses, presque sans fond, et c'est là son plus précieux avantage, il vient bien sur les sols crayeux, marneux, de peu de valeur.

Si sa prompte et rapide végétation lui fait peu redouter la chaleur, il craint si peu l'intensité du froid qu'il croît jusque dans les contrées les plus voisines du cercle polaire.

Il faut semer le seigle en août sur les montagnes, rarement ailleurs après le mois de septembre. Le seigle du printemps donne souvent presque autant de grain, mais jamais autant de paille dont on a tant besoin en agriculture.

§ 3. — De l'orge.

Qui ne connaît les usages de l'orge? sa farine fait d'assez bon pain mélangée au froment, quoique sa pâte soit moins longue que celle du seigle.

L'orge en grain est souvent donnée en place de l'avoine, dans le Midi, les chevaux l'aiment et s'en trouvent bien.

Lorsqu'elle est écrâsée, mouillée et légèrement fermentée, elle augmente le lait des vaches, elle engraisse les bœufs, les cochons et les volailles. Enfin on sait son utilité dans la fabrication de la bière.

Dans le midi, l'orge est semée avant l'hiver, mais

comme elle craint les froids et l'humidité trop longue, on la met en terre de fin mars à fin avril dans presque toute la France. Les terrains calcaires lui conviennent; elle vient bien sur les marais salants, dans les terres argilo-sablonneuses et sablo-argileuses. Les orges de printemps épuisent la terre; il serait bien de donner plus d'attention à la variété connue sous le nom d'orge carrée d'hiver ou esgourgeon, qui produit beaucoup, et qui, semée en automne, réussit bien. On ne cultive pas assez l'orge désignée par les noms de Pamelle en Picardie, Marsèche en Berry, Baillarge dans le Poitou et la Saintonge, elle produit beaucoup, est peu susceptible et fort estimée pour la bière.

§ 4. — De l'avoine.

Le principal usage de l'avoine est pour la nourriture des chevaux, elle leur donne assez d'énergie pour soutenir de rudes travaux.

Elle prospère bien sur les défriches, les défoncements profonds qui ramènent de la terre vierge à la surface, sur une lande écobuée, et enfin après toutes les cultures qui, comme la sienne, ne contribuent pas à l'envahissement des mauvaises herbes.

La véritable place de l'avoine dans un bon assolement, est après une plante sarclée, une prairie ou un défrichement. Elle peut être semée depuis septembre jusqu'en avril, selon le climat et le sol.

§ 5. — Du maïs.

Peu de plantes offrent autant d'intérêt que le maïs (blé d'Espagne), tant par sa fécondité que par ses usages nombreux.

Le maïs, qui aime un sol sablo-argileux, facile à échauffer au centre de la France, argilo-sableux et frais dans le midi, croît et mûrit dans les terres arides de la Corinthie, les plaines sablonneuses que baigne l'Adour, le sol pierreux habité par les Basques aux pieds des Pyrénées; un peu au-delà, on voit encore le maïs sur des débris de granit et de schiste, enfin, il vient partout où le climat lui donne le temps de mûrir.

En France, il est tout probable que la culture du maïs ne peut être avantageuse au-delà du 48e degré de latitude nord, c'est-à-dire, plus loin qu'une ligne qui, partant du *Morbihan*, irait joindre le département des Vosges. Il ne suffit pas, pour qu'une plante soit admise en agriculture, qu'elle puisse réussir parfois, il faut, au contraire, que l'insuccès soit une rare exception

§ 6. — Du sarrasin.

Le sarrasin (blé noir), vient sur les terrains trop maigres pour les autres espèces de grains, il y prospère assez bien, c'est, après le seigle, la seule récolte des terrains sablonneux; il peut être enfoui comme engrais, et produit ainsi les meilleurs effets.

En Bretagne, dans le Limousin, on convertit la farine de blé noir en bouillie; si cette nourriture n'est pas agréable, elle est très-saine, ne cause jamais d'aigreurs d'estomac.

Le seigle, l'orge, l'avoine, le sarrasin, sont de très-bons fourrages verts, et fournissent des enfouissages précieux pour les cultivateurs qui manquent de fumier.

On ne saurait trop recommander de ne jamais semer plusieurs blés de suite, ils doivent prendre leur place dans les divers assolements, suivant la valeur du sol.

Grain sur grain mange la terre, le produit ne paie pas le travail; c'est en épuisant le sol que les fermiers se ruinent, et ils prétendent que la terre ne vaut rien. Que les cultivateurs fassent le tiers de leurs terres arables en prés, qu'ils en fassent tous les ans pour en rompre chaque année, toutes les récoltes viendront à souhait, il n'y en aura plus de mauvaises.

Pour reconnaître cette vérité, qu'ils regardent autour des villes, des bourgs, des villages; ils verront des jardins partout; là, pas de mauvaises terres, pourquoi ce résultat? c'est que partout on fume, on alterne; dans les jardins on ne fait jamais venir les mêmes légumes deux années de suite sur le même carré; que l'on agisse ainsi partout, et la France sera le plus riche pays de l'Europe.

6e CHAPITRE.

DES RACINES.

En agriculture tout se lie, une amélioration conduit toujours à une autre, il ne s'agit que de commencer.

Dans les terres argilo-siliceuses, avec un peu de chaux on obtient partout des racines. Les terres des bocages leur conviennent généralement.

Dans plusieurs contrées on engraisse les bœufs avec des racines, navets, betteraves, avec des choux, et peu de pommes de terre, parce qu'il faut les faire manger cuites, rien n'est plus facile comme on le verra bientôt.

Toutes les plantes sarclées tiennent leur place dans un bon système d'assolement, les unes pour un sol, les autres pour un autre.

§ 1. — De la pomme de terre.

Elle vient partout, excepté dans le sol calcaire, le plus sec et le plus léger.

En cultivant passablement, on en obtient de 100 à 150 hectolitres par hectare; en Flandre et en Belgique, on en trouve souvent de 3 à 400 hectolitres; c'est une plante qui demande à être bien cultivée, et qui prend la première année d'une bonne rotation.

Trois hectolitres de pomme de terre valent, comme nourriture, autant qu'un de froment; elles doivent donner en moyenne 120 hectolitres, où trouver un hectare de terre qui fournisse 40 hectolitres de froment ?

Après les pommes de terre bien fumées, vient une bonne récolte de froment ou d'une autre céréale.

Dans quelques contrées, on a la mauvaise et détestable habitude de mettre des pommes de terre dans le pain. C'est une énorme faute, de deux bonnes choses on en fait une mauvaise.

La pomme de terre doit se manger en nature, cuite à la vapeur, c'est-à-dire dans une marmite de fer, avec très-peu d'eau au fond.

Lorsque les ménages pauvres ne peuvent acheter un pot de fer, il faut le remplacer par le premier chaudron venu; pour cela, on l'emplit de pommes de terre, on verse dessus 5 à 6 verres d'eau, selon la grandeur, puis on le couvre bien avec des chiffons mouillés que l'on charge de pierres. Les tubercules cuisent ainsi aussi bien que dans la fonte; pour économiser du bois, on peut les sortir du feu avant leur entière cuisson qui se termine promptement en ne les découvrant pas.

Avec un peu d'habitude on peut ainsi en faire cuire une

grande quantité pour les hommes et les bêtes sans dépenser beaucoup de combustibles, surtout l'hiver puisqu'il y a toujours du feu au foyer.

Dans une ferme, les pommes de terre doivent être la bâse de la nourriture; on ne s'en lasse jamais et on se porte bien.

Veut-on s'en servir pour engraisser, nourrir le gros bétail? il faut les faire cuire au four de la manière suivante :

Lorsque le pain est tiré du four, on y fait brûler quelques fagots, la moitié de ce qu'il faut pour le chauffer; on retire la braise vers l'ouverture, de chaque côté, et on jette dans le four 10 à 12 hectolitres de pommes de terre, selon la quantité de son bétail, puis on ramène la braise dans le milieu de la gueule et on bouche bien

Au bout de 15 à 20 heures, selon la quantité, on essaie les pommes de terre, si elles se coupent comme du fromage, sans faire de bruit, le four est ouvert.

Pour les animaux, il faut les faire moins cuire que pour l'homme, mais ne jamais les donner crues.

Si on est obligé de les sortir du four, elles doivent être mangées dans les 48 heures, car elles se ramollissent.

Ainsi préparées, les pommes de terre engraissent les bœufs, les chevaux, les porcs, les moutons. Pour le bœuf il en faut 40 kilog. par jour, et 4 kilog. de foin; dans 50 jours il est gras.

Les bêtes qui n'y sont pas habituées les refusent parfois, en persistant, elles finissent par ne plus vouloir autre chose.

Le bétail que l'on veut engraisser avec les pommes de terre se trouve bien de 50 à 60 grammes de sel de cuisine par bœuf, pour un mouton c'est le dixième, ou cinq à six grammes.

Depuis quelques années, les pommes de terre sont atteintes d'une maladie dont on peut les préserver, selon M. Tombelle-Lomba, de la manière suivante :

Lorsque les tiges sont arrivées à toute leur croissance, c'est-à-dire un peu après la floraison, on les coupe à la faucille au niveau du sol, en remuant le moins possible les tubercules qui se trouvent en terre, après avoir enlevé les tiges, on doit couvrir les plantes d'une couche de trois centimètres environ de terre (un pouce), et laisser le terrain dans cet état jusqu'au moment de la maturité.

§ 2. — Des navets.

Les navets sont bien connus, il faut choisir la variété qui convient le mieux au sol; il en est de même des betteraves, l'usage que l'on veut en faire et la qualité de la terre sont ce qu'il faut avant tout consulter.

§ 3. — Du topinambour.

Cette plante mérite d'être cultivée, surtout sur les sols ou dans les climats qui conviennent peu aux racines; elle vient partout; elle reste l'hiver dans la terre, ne gèle pas, et vient plusieurs années de suite dans le même champ.

Tous les animaux mangent les tubercules du topinambour, à l'exception du porc; ces tubercules sont d'une grande ressource pour engraisser les moutons l'hiver; on doit saigner ces animaux sous la langue ou à la queue après quelques jours de ce régime, pour éviter les coups de sang, c'est habituellement le quatre ou cinquième jour.

Dans quelques contrées, les feuilles du topinambour sont employées comme fourrage, c'est, je pense, un mauvais usage, on doit opter entre la récolte des tubercules ou celle des feuilles.

7e CHAPITRE.

DU BÉTAIL.

Le bétail est le nerf véritable de l'agriculture, tous les

fermiers ou cultivateurs qui s'enrichissent en ont assez, ceux qui en manquent se ruinent.

Pour avoir du bétail, on doit commencer par faire des prairies artificielles, il en faut le tiers de ses terres arables, c'est une vérité qui ne sera jamais assez répétée.

On conseille toujours, pour améliorer les races, l'achat d'animaux étrangers : on me permettra de le dire, c'est chercher à bâtir sans s'assurer des fondements ; la première condition est de créer, de produire une nourriture assez abondante ; en agriculture tout se tient, l'amélioration du sol conduit à l'amélioration des animaux, c'est par la terre qu'il faut commencer.

Pourquoi voit-on sur toutes nos foires tant de misérable bétail ? c'est que la nourriture leur a manqué à eux et à leurs ascendants ; les privations s'opposent au développement, surtout pendant la première époque de la vie.

La meilleure espèce de bétail dans l'état actuel des choses en France, c'est la moyenne, le bon vaut mieux que le très-beau, excepté pour la reproduction, les juments poulinières, par exemple.

L'amour-propre fait souvent acheter à un prix trop élevé les plus belles bêtes ; la gloriole est une mauvaise conseillère. Un bon cultivateur laissera les chétives pour la misère et se contentera d'animaux bien pris dans leur taille, sans aucun défaut autant que possible, appartenant aux races locales acclimatées dans le pays ; avec des soins il aura bientôt amélioré son cheptel.

Une ferme en bon rapport doit avoir deux têtes de gros bétail par trois hectares de terre, dix moutons équivalent à une pièce de bétail.

Cette quantité de bétail obligera à alterner, à avoir des prairies, à consommer tout son fourrage et toute sa paille en litière pour avoir du fumier ; c'est le grand secret de la culture, il est tout entier là.

§ 1. — De la vache.

La vache est sans contredit l'animal le plus utile au

cultivateur, elle lui donne chaque année un veau, lui fournit du lait, du beurre, du fromage, enfin, du travail au besoin, et de bonne viande de boucherie, si elle n'est pas engraissée trop vieille.

Son produit annuel s'élève souvent au-delà de 150 fr. De toutes les femelles, la vache est celle qui donne le plus de lait.

Beaucoup de signes sont indiqués par les observateurs pour reconnaître les bonnes laitières, ces caractères se trouvent parfois en défaut, ceux qui voudront en faire une étude spéciale, devront se procurer le *traité sur les vaches laitières de M. Guéneau.*

Une bonne vache à lait a ordinairement le ventre gros et abattu, les hanches larges, les jambes minces, le cou fin et la tête légère ; un peu au-dessous du ventre et de chaque côté, on voit une veine qui porte le lait aux mamelles, cette veine donne naissance, en se divisant, à un espace nommé fontaine. Lorsque cette veine est grosse, la fontaine large, ce dont on s'assure en suivant son parcours avec le doigt. Dans ce cas, la vache sera probablement bonne, si, surtout, les mamelles sont amples et bien garnies de poils fins.

Enfin, il est rare qu'une vache issue d'une bonne laitière et bien nourrie dans sa jeunesse, ne le soit pas aussi, il faut donc garder avec soin toutes les génisses que produisent les bonnes vaches.

Celles qui sont laitières ne sont pas toujours bonnes beurrières, elles le sont même rarement; pour reconnaître cette précieuse qualité, il faut tirer du lait dans un vase bien blanc, s'il est épais, d'un blanc jaunâtre, il donnera beaucoup de beurre, si, au contraire, le lait est clair, et d'un blanc bleuâtre, il en fournira peu.

Les vaches qui ont la langue noire, le palais noir, qui ont le *carreau* dureté, que l'on trouve entre les jambes de devant, sont généralement bonnes beurrières.

Rien n'étant plus difficile à reconnaître qu'une bonne

vache, il faut élever celles que produisent les meilleures, c'est plus sûr que d'en acheter.

§ 2. — Veaux pour élever.

Il faut choisir les plus beaux, ne les laisser téter que trois jours, leur donner du lait écrémé et tiédi par un peu d'eau chaude, peu à peu on y mêle de la farine en petite quantité, d'abord; en leur donnant chaque jour une faible portion de regain, et diminuant le lait à mesure qu'ils s'habituent à en manger. On les conduit ainsi jusqu'à trois mois, souvent en maigrissant légèrement; arrivés à cet âge, ils sont sauvés.

Chaque animal donne de 50 à 60 francs de bénéfice par an, il coûte un peu de soins, mais on n'a rien sans peine, et le pauvre cultivateur qui ne possède pas assez de bétail, peut s'en procurer ainsi; ce moyen est sans doute long, pourtant il faut bien commencer pour arriver, Paris n'a pas été bâti dans un jour.

§ 3. — Veaux pour la boucherie.

Partout on laisse téter les veaux jusqu'à deux ou trois mois, pour les livrer à la boucherie, c'est une mauvaise spéculation; aussi, dans beaucoup de localités, a-t-on la fâcheuse habitude de les vendre à une, deux, trois semaines, au plus; des mesures de police devraient défendre d'abattre les veaux qui ont moins d'un mois environ; avant cette époque, la chair en est trop gélatineuse, elle n'est pas saine pour une nourriture soutenue, et on perd une très-grande somme de viande.

On sait avec quelle rapidité les jeunes veaux croissent en poids. Ceux qui proviennent des bonnes races pèsent en moyenne 23 kilog. à leur naissance, à huit jours, 42, à dix-huit jours 52 kilog.; ils augmentent jusqu'à environ six semaines de 1 kilog. par 24 heures; que de viande échappe à la consommation parce qu'on les tue trop jeunes.

Dans plusieurs fermes bien dirigées, on a créé une industrie qui s'étendra certainement; celle d'élever les petits veaux pour la boucherie; ils sont détriés à 4 jours, et éloignés de la mère qu'il faut leur empêcher d'entendre crier. Ils doivent être nourris avec du lait écrémé; tout le monde sait aujourd'hui que le beurre ne nourrit pas, il est donc inutile pour leur développement.

Ainsi, c'est du lait écrémé et tiède qui est donné d'abord, pour les apprendre à boire, on plonge la main dans le liquide, et introduisant un doigt mouillé dans la bouche de l'animal, qui suce et boit seul bientôt. A dix ou quinze jours, on joint au lait un peu de mucilage de graine de lin, obtenu en passant dans un linge une décoction de cette graine dans l'eau. Cette addition est augmentée chaque jour; à quatre semaines et même à trois, elle est remplacée peu à peu par une certaine quantité de farine de blé noir, d'orge, de baillarge ou de maïs, puis on finit par en faire avaler des boulettes en les poussant dans la gorge; quatre à cinq repas par jour de cette nourriture; le veau reprend promptement ce qu'il a perdu et ne tarde pas à engraisser.

Là encore, il faut des soins, de la bonne volonté, il en faut partout pour bien faire; avec deux vaches, il est possible d'élever ainsi huit veaux dans une année, et le beurre paie les menues dépenses. Les petits bordagers devraient se livrer à ce commerce.

§ 4. — Des bœufs.

Les bœufs de travail sont trop négligés avant de les vendre; si, pendant deux mois, on leur donnait par jour trois petites rations de pommes de terre cuites au four, ou des racines, il serait facile de gagner 100 à 150 francs par paire.

Les agriculteurs qui se livrent en grand à l'engraissement des bœufs, consulteront ce que les savants expérimentateurs ont écrit sur ce sujet beaucoup plus important qu'on ne pense. Le petit cultivateur, par une bonne méthode de culture alterne, aura des racines avec lesquelles il engraissera quelques têtes de bétail, qui lui feront du fumier et lui donneront de l'argent. S'il veut bien réussir, il donnera, par jour, de 30 à 40 kilog. de pommes de terre cuites au four, quelques kilog. de foin, 4 à 5, à peu près, 50 à 60 grammes de sel marin, et en 50 ou 60 jours au plus, les bœufs lui rapporteront de 2 à 300 francs la paire.

§ 5. — Amélioration de la race bovine.

Il faut se défaire des animaux qui sont trop grands, dont les os sont trop développés, ils engraissent mal et avec difficulté. Nous avons de bonnes races qu'il faut croiser un peu avec les *Durham*, pas trop, mais de manière à atténuer les saillies anguleuses que nous reprochons à quelques-uns de nos bœufs.

Faire choix, pour la monte, de taureaux de deux à quatre ans, bien faits, et la race s'améliorera très-promptement *si on la nourrit bien*. Il faut surtout rompre avec cette mauvaise habitude de faire faire la saillie par des animaux trop jeunes ; on peut voir dans les foires quelle pauvre espèce on obtient ainsi.

§ 6. — Juments poulinières.

Les plus belles sont les meilleures, il est utile de les prendre jeunes, souvent, si on les fait saillir pour la première fois à 7 ou 8 ans, elles avortent ou ne remplissent pas. On ne doit pas attendre aussi que les juments poulinières soient trop vieilles pour les réformer, car, alors, elles font de petits fruits qui réussissent mal. Ce que je dis là est la règle générale; souvent il se rencontre des exceptions, mais l'agriculture ne peut en tenir compte.

Il faut bien éviter de faire couvrir les juments de trait, de voiture, par les chevaux anglais *pur sang*, on n'obtient que des *rosses* qui ont toutes des *tares*, il vaut mieux améliorer les races par les races, en recherchant, autant que possible, la vigueur et la distinction.

Jeunes chevaux et pouliches.

Il est bon de dire aux petits cultivateurs, vendez vos jeunes chevaux et gardez vos pouliches.

Les premiers sont plus sujets aux maladies, aux accidents, les pouliches sont plus douces, plus faciles à soigner, ils gagneront souvent moins, mais ce sera plus sûr.

§ 7. — Moutons et brebis.

Cet animal si productif, porte, pour son malheur, une riche toison qui cache souvent sa maigreur et sa misère; combien il en périt chaque année faute de soins.

La faiblesse de la race doit être généralement attribuée à ce que la monte est faite par des agneaux de six à dix mois. Avec de bons béliers de deux à quatre ans, l'espèce serait bientôt rétablie, surtout en la nourrissant bien, lui donnant des racines à l'étable et de meilleures bergeries.

§ 8. — Du porc.

Les races se sont bien améliorées depuis trente années par l'importation des anglo-chinois et la propagation des cranais.

Les préjugés ont encore tant de force chez nous, que les anglo-chinois ne se répandront que lentement, en raison de la noirceur de leur peau et à cause de leurs oreilles droites.

Fort heureusement, il n'en est pas de même de la race cranaise. On en connaît deux variétés, la grande et la moyenne.

La grande est très-longue, a le dos large, les oreilles longues et tombantes, elle est sobre, ne s'engraisse facilement que quand elle a atteint douze mois; elle convient aux grandes fermes, à la riche agriculture, et arrive au poids de 300 kilog.

La moyenne cranaise a les jambes courtes, le corps court, les oreilles larges et tombantes sur le nez qui est court et gros, le dos très-large.

Elle se distingue par un épi sur le dos, un autre sur le derrière au tour de la queue, plusieurs portent sous la gorge deux excroissances comme les chèvres.

Cet animal est presque rond quand il est gras; il est d'une grande sobriété, il convient surtout aux petits cultivateurs, bien que médiocrement nourri, il est toujours gras et peut être tué à tout âge.

C'est véritablement le porc du pauvre, les débris d'un petit jardin suffisent pour l'entretenir; la plus grande protection devrait être accordée à sa propagation; il faudrait le répandre dans toute la France, les fermes-écoles pourraient être chargées de cette importante mission.

Partout où les races d'animaux ne sont pas appropriées aux ressources et aux besoins des populations, le peuple souffre, se prive de viande et vit très-misérablement.

Dans les départements de la Vienne, des Deux-Sèvres, de la Charente et de la Charente-Inférieure, on voit encore une race de porcs hauts sur jambes, étroits du dos et minces du corps; cet animal prend difficilement la graisse, coûte plus qu'il ne rapporte, mais le cultivateur se figure que le plus gros animal est toujours le meilleur, tandis que c'est celui qui rapporte le moins. Plus un porc est grand, moins il est précoce, et plus il lui faut de nourriture ; ceux qui sont ronds, bas sur jambes, engraissent mieux et à moins de frais.

§ 9. — De la volaille.

Dans une ferme bien tenue, la volaille doit fournir à toutes les menues dépenses du ménage.

Jusqu'à 4 ans, les poules donnent de 5 à 8 douzaines d'œufs si elles sont bien nourries ; après cet âge, il faut les vendre, elles ne pondent presque plus.

§ 10. — Des races d'animaux.

Le sol et la nourriture font et modifient les races.

Les grandes races se rencontrent sur les terres fertiles, dans les herbages riches et de bonne qualité ; les animaux y prennent un développement proportionné à l'abondance de leur nourriture.

Sur les terres calcaires, dans les sables, se rencontrent les petites races.

Vouloir ramener les animaux d'une espèce à un même type, serait un acte de folie, ce serait se révolter contre la nature.

On doit améliorer les races dans ce qu'elles sont, rechercher au loin, s'il le faut, une qualité qui leur manque parfois, mais ne jamais essayer de substituer une race à une autre.

Le premier principe d'amélioration gît dans les soins que l'on met à faire chaque chose; on ne saurait donc avoir trop de sollicitude pour ce qui intéresse la vie et la santé des animaux. Il est plus facile d'ailleurs, de prévenir les maladies que de les guérir; les plus grandes précautions doivent donc être prises pour les éviter.

Il faut surveiller les écuries, elles sont mal saines quand elles ne sont pas propres, quand les animaux n'ont pas assez d'espace pour se mouvoir, assez d'air pour respirer, l'air est l'aliment de la vie.

Une trop grande chaleur dans les écuries, nuit autant au bétail qu'un trop grand froid.

Il est nécessaire d'abandonner la mauvaise habitude que l'on a d'entasser les moutons dans des bergeries où ils sont sans lumière, et dans une atmosphère trop chaude, trop humide, l'air y est méphitique et mal sain. de là, la plus grande partie des maladies qui déciment la race *ovine* et nuisent à son amélioration.

Il ne faut pas que les bergeries soient pavées comme les étables, mais le sol doit en être élevé et sec, il faut surtout y faire arriver de la lumière et de l'air.

Toutes les habitations du bétail doivent être propres, on doit en enlever les toiles d'araignées, les ordures, n'y jamais laisser pénétrer la volaille.

On doit donner aux animaux une litière suffisante, les entretenir dans un grand état de propreté. Les bœufs sont souvent couverts d'ordures, cela empêche la peau de se dilater, arrête la transpiration et nuit à la santé. les vaches sales donnent moins de lait que si elles étaient propres.

Lorsque le bétail est malade, il faut l'isoler, avoir recours au médecin-vétérinaire, ne plus s'adresser aux empiriques qui tuent les animaux souvent à force de remèdes. Les habitants des campagnes ont assez de bon sens pour ne plus s'adresser aux charlatans, aux penseurs, depuis qu'ils ont pu juger le savoir des médecins; qu'ils fassent de même pour leur bétail, qu'ils emploient les vétérinaires et ils s'en trouveront bien.

8e CHAPITRE.

Après avoir lu ce petit livre, l'avoir appris par cœur

si c'est nécessaire, les enfants pourront dire à leurs parents ce qu'il faut pour améliorer l'agriculture, et amener l'aisance à la maison.

Ils n'oublieront que pour avoir du grain il faut du fumier; pour avoir du fumier, du bétail, et pour nourrir le bétail, des prairies.

On doit donc faire des prairies, alterner, mettre tour à tour les terres labourées en prés pour récolter du blé. On fera des sainfoins dans les grouas, les terres légères, en jetant après un peu de trèfle de luzerne ou de lupuline.

Dans les terres fortes, du trèfle incarnat, du trèfle ordinaire, de la luzerne; dans les bocages en chaulant, la luzerne vient partout où la terre n'est pas trop mouillée, on y fera aussi du ray-gras d'Angleterre, des prés anglais, du trèfle blanc et ordinaire, enfin des pommes de terre et des racines,

Dans les plaines, on n'oubliera pas les pommes de terre, pour faire cuire au four et donner au bétail.

Pendant les mois de novembre, décembre, janvier, février mars et souvent avril, il faudra entretenir le bétail à l'écurie, en engraisser, afin de faire beaucoup de fumier, sans lequel on ne récolte rien.

Enfin, un bon cultivateur ne doit vendre ni foin, ni paille, et encore moins de fumier.

DU CULTIVATEUR.

Après avoir indiqué ce qui convient à la terre, aux animaux utilisés en agriculture, qu'il me soit permis, en terminant, de dire ce qui manque aux cultivateurs.

Ayant toujours vécu au milieu d'eux, enfant des champs, moi-même, il m'a été facile d'apprécier leurs précieuses qualités, tout en m'apercevant de leurs défauts.

Ils ne m'en voudront point de signaler quelques-unes de leurs faiblesses, et pour les cultivateurs de mon département qui savent combien je leur suis dévoué ce sera une grande marque d'attachement, car *la vérité n'est pas toujours bonne à dire*.

HYGIÈNE RURALE.

C'est surtout sous le rapport de l'hygiène que se manifeste le caractère insouciant, imprévoyant de l'habitant des campagnes, il néglige toutes les précautions qui pourraient le préserver des plus cruelles maladies.

Pour la construction des maisons, on consulte toujours la disposition du terrain, au lieu de chercher une exposition capable de garantir des plus fâcheuses influences atmosphériques; ne voyons-nous pas sur tout l'immense littoral baigné par l'Océan, depuis le département du Nord jusqu'à celui des Basses-Pyrénées, où des vents d'ouest règnent les trois quarts de l'année, presque toutes les maisons construites de manière à recevoir l'influence funeste de ces vents, tandis que leurs principales ouvertures devraient être tournées vers le soleil levant.

Dans le plus grand nombre des habitations, point de carrelage, jamais de planchers, le sol est formé de terre argileuse que le balai entraîne pour laisser des trous où séjournent des ordures et de l'humidité.

Les cheminées sont beaucoup trop vastes pour le pauvre feu que l'on y fait, le vent, la pluie y trouvent un passage, la fumée se répand dans l'intérieur pour tout noircir, ce qui oblige à tenir la porte ouverte, et cette porte est souvent la seule entrée de la lumière; les fenêtres sont du luxe et presque toujours proscrites par la crainte de payer un impôt qui devrait bien cesser de frapper les ouvertures nécessaires à la santé et à la vie.

En ce qui regarde le cultivateur, aucun soin de sa personne, il va le cou et les pieds nus, ne prend aucune mesure contre les brusques transitions de température, et cependant, il est exposé aux travaux les plus pénibles.

La nourriture des cultivateurs est composée de pain

noir, où l'orge, le seigle ou le maïs entrent pour la moitié, des légumes, des poissons salés, sans autres assaisonnements que le sel et le vinaigre, quelques fruits, les plus mauvais, et rarement de viande.

Aussi, les habitants des campagnes sont-ils sujets à des maladies fort graves ; les fluxions de poitrine (pneumonies aigües), provenant des refroidissements, sont très-fréquentes et souvent mortelles, on rencontre communément dans les chaumières des phtisies pulmonaires, des maladies chroniques de l'appareil digestif, des maladies vermineuses sérieuses, des scrophules en grand nombre, enfin, tant d'autres maladies dangereuses qui déciment les populations rurales, et dont la nomenclature est inutile ici.

En passant de ces faits matériels aux faits moraux et intellectuels, les réformes n'y sont pas moins nécessaires.

La population rurale peut former trois divisions; les propriétaires, les colons ou fermiers, et les journaliers. Ces trois classes diffèrent un peu par l'instruction, mais elles sont encore sous l'influence des mêmes préjugés, des mêmes idées; les mêmes souffrances, les mêmes misères, les visitent fréquemment,

On y rencontre très-souvent des hommes actifs, laborieux, rangés, connaissant et aimant le bétail, ils arrivent, ils font de petites fortunes. Ceux qui manquent de ces qualités, végètent, vivent au jour le jour, se ruinent parfois en ruinant la terre qui leur est confiée.

Tous les propriétaires, les fermiers, vont à 52 marchés, presque à autant de foires, ce qui forme, avec les dimanches, la moitié de l'année

Si encore ils ne perdaient que leur temps; mais jamais un marché ou une foire sans boire, ici du vin, là de la bière, du cidre, du café; les bouteilles, les pots, les tasses se suivent, et l'argent s'en va. Puis on devient quelque fois ivrogne; l'ivrognerie enlève le jugement et la mémoire, elle abrutit, rend fainéant.

L'ivrogne oublie son avenir, celui de sa famille, il n'a qu'une pensée, celle de boire. Une fois engagé sur cette pente funeste, on y glisse de plus en plus, les inclinations créent des habitudes et bientôt ces habitudes deviennent des vices qui engendrent la misère.

L'agriculture demande un travail raisonné de tous les instants; si le cultivateur n'est à la maison, tout s'y fait mal ou ne s'y fait pas; pendant qu'il dépense un franc au cabaret, il en perd dix chez lui.

Que faut-il pour changer ou modifier profondément cet état de choses?

Instruire les habitants des campagnes, leur enseigner ce qu'ils doivent savoir pour leur profession. Leur apprendre les notions du juste et du vrai, leur graver dans le cœur la sainteté du serment, ce qui est trop souvent oublié devant les tribunaux Leur faire comprendre la religion et sa morale; les faire raisonner en politique pour qu'ils deviennent véritablement des hommes libres; enfin, leur démontrer que la richesse est dans le travail et que la sobriété fait le bonheur de la famille.

Le cercle dans lequel j'ai cru devoir me renfermer, ne m'a pas permis d'aborder tout ce qui est à traiter, ni de donner à chaque chapitre autant de développement que je l'aurais désiré.

Ceux qui me liront, voudront bien comprendre que mon but est de chercher à détruire des préjugés, en faisant adopter quelques bonnes méthodes de culture et non de faire de la science; j'ai dû négliger le style, pour m'efforcer d'être simple, clair, à la portée des enfants du pauvre et des hommes auxquels je m'adresse.

FIN.

TABLE

DES MATIÈRES.

Par ordre alphabétique.

FIN DE LA TABLE.

Mamers, imp. de J. Fleury.

www.ingramcontent.com/pod-product-compliance
Lightning Source LLC
LaVergne TN
LVHW020043170826
845678LV00001B/401

9782329697031